算数・数学の基本常識

大切なのは数学的センス

野﨑昭弘

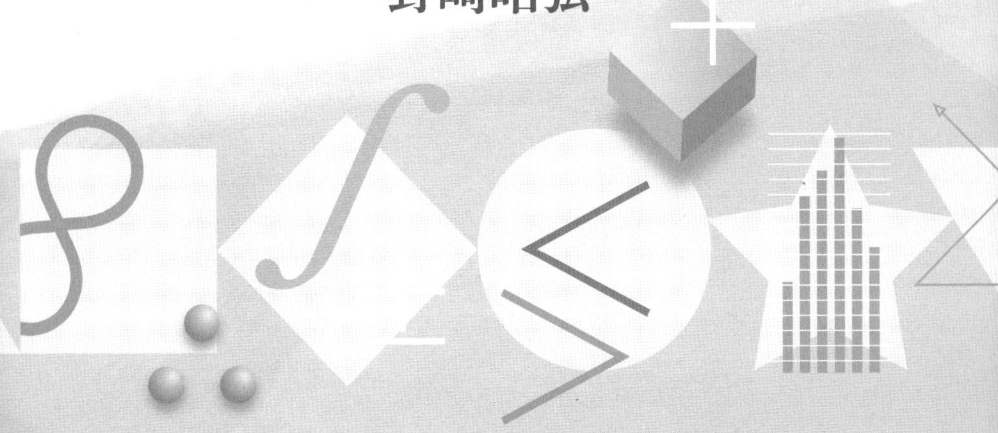

日本評論社

目次

第0話

変わるもの・変わらないもの
――まえがきに代えて

1. 言葉の意味は変わる

いつでしたか，若者（ないし子ども）の間で「ウッソー！」と叫ぶのがはやったことがありました。今はそれは消え失せて，若者でも昔のように「え，ほんと？」というのがふつう，だそうです。

強い言葉がだんだん広く使われ，意味が薄められることもよくあります。「すごい」という言葉は「凄い」という感じの意味を離れて，「すばらしい」というような意味で使われることもあります。フランス語でも“formidable”という言葉が似たような変化を辿っています。

「こだわる」という言葉も，昔は「どうでもいいことに，引っかかる（拘泥する)」という意味でしか使いませんでしたが，最近は「どうでもいいこと」というニュアンスが消えて，たとえば「調理師が素材にこだわる」というような言葉も耳にします。しかし私などは，えっ，素材を重んじるのはあたりまえじゃないの，なぜ「こだわる」という，見下すような言葉を使うの？　と思ってしまいます。

もっと強い違和感を覚える言葉に，「愛」があります。私がびっくりしたのは，中古車を扱う業者が出していた，次の広告文です。

「あなたの愛車，高く買います！」

私の感覚でいえば，「愛しているものを，売れるわけがない」のですが，「愛車といっても道具だから」ということらしく，「そんなら『愛車』などという言葉は使うな！」とは思わないのですね。

昔は「愛」という言葉はめったに使われませんでしたが，今でいう「無償の愛の物語」はありました。人力車夫（ご存じですか？）・富島松五郎が，お世話になった人の未亡人と遺児に「相手の幸せだけを考える，無私の貢献を行う」という小説がよい例です。これが『無法松の一生』として映画化されると，日本で大当たりを取り，世界でもベネチア映画祭でグランプリ（金獅子賞）に輝きました（原作：岩下俊作，脚本：伊丹万作，監督：稲垣浩，1943年。リメイク版1958年)。

その後，しだいに「自分中心の考え方」が広まるにつれて，「相手の幸せだけを考える」愛は絶滅危惧種になります。極端に自己中心的な男は，好きになった女が「思うようにならない」と，そんなら（蹴り飛ばすどころか）殺してしまえ，ということになるらしく，そういう事件が最近続けて発生しています。

2. 数学は変わらない

数学は，変わりません。5000年前にも，5000年後でも，1足す1は2ですし，2掛ける2は4です。地球上のどこに住む人とも，宇宙人とでも相互理解ができるはずで，時間的にも空間的にも変わらない「普遍的真理」といえます。

もちろん記法は言語に依存していますから，時代によって変わり，数字もまちまちです（図1)。大昔の文字で，読み方も意味も分からないものについては，変わったかどうかも定かではありませんが，もし数学的な事実を表現しているものであれば，現代と同じであるはずだ，と推測できます。

算用数字	1	2	3	5	10	100
バビロニア数字	𒁹	𒈫	𒐈	𒐊	𒌋	𒁹 𒐏
エジプト数字	|	||	|||	||| ||	∩	𓍢
マヤ数字	•	••	•••	—	═	— 𝋠
ローマ数字	I	II	III	V	X	C
漢字A	一	二	三	五	十	百
漢字B	壱	弐	参	伍	拾	佰

図1 数字のいろいろ
ハビロニア数字は60進法，マヤ数字は20進法

でも，「1足す1は2」とは，ほんとうでしょうか？　ええ，これは永遠の真理です。もちろん「足す」という言葉の意味を勝手に変えれば話は別で，

ひとつの雨粒とひとつの雨粒がぶつかって，
ひとつの雨粒になる

とか，

ひとつのシャボン玉と，ひとつのシャボン玉がぶつかって，
割れて消え失せる

ことなどを「たし算」に含めれば，話は違ってきます。
しかし，数学の中では，そういう場合は「たし算」には含めず，

2とは$1+1$のことである

と**約束**して，それが当てはまる場合にだけ応用するのです。だから「永遠に不変の真理」といっても，そういう約束の下での「仮定に基づく真理」なのです。しかし，たとえばお金の計算など，しっかりあてはまる例もたくさんあるので，バカにしてはいけません。
図形の学である「幾何学」はどうなのでしょうか。これもいくつかの前提（ふつう「**公理**」と呼ばれる）を仮定して，そこから論理的に結論を導きます。だから「それらの仮定（公理）が成り立つ世界では，絶対的に正しい」といえますが，そうでない世界では，もちろん成り立つ保証はありません。
さらに，

我々が住んでいるこの現実の宇宙空間で，それらの公理がすべて成り立っているか？

は，実は物理学（宇宙科学）の問題なので，数学者には判定する能力がありません。数学的に考えることができるのは，次のようなことだけでしょう。

① どういう仮定をおけば，数学的に面白い，内容豊かな理論を作れるか？
② 何を目標として，理論を建設・開拓すべきか？

また，社会や歴史のことであれば，

③ 一個人として，世界をどう見るべきか？

は，しっかり考えることができるはずです——この点については，またあとで取り上げます。

3. 現代は不安定：予測が難しい

21 世紀に入って，世界はますます先行きが読みにくくなりました。1991 年にソビエト社会主義共和国連邦が崩壊してから，資本主義の最強国アメリカが世界制覇をするのか，と思ったら，どっこいバブルがはじけて金融恐慌が広がると，そのあおりでアメリカ政府の力が弱まり，ヨーロッパ連合やロシア共和国，また中国が力をつけてきて，ずいぶんようすが変わってきました。その上，貧乏になったアメリカ政府に「ムダなお金を使うな，国民健康保険などやめにしろ」という圧力がかかるのですから，遠くから見れば「一般庶民は踏んだり蹴ったり」だと思うのですが，アメリカにはまたいろいろな事情があるようです。何しろあれだけの事件は続いても十分な「銃の規制」ができず，核兵器を保有しているイスラエルをかばったりしているのですから，「民主主義的な自由選挙」でも問題は起こるのですね。

問題は，教育だと思います。数学の「公理」に相当する，普遍的な「大前提」を見定め，それに照らしてものを考える力を育てなければなりません。誰かが大きな声で何かいうと，何となくついて行くのではなく，

自分の力でしっかり考え，正しい判断を下す

努力をすべきですし，政治家はそれを助けるために，「結論」だけでなく，その理由も併せてしっかり説明する義務があります。政治家は，広い意味での教育者であることが理想なのです。

もちろん政治家だけのせいにしてはいけません。考えることを嫌い，「すぐに答えを教えてほしい」などと思うのは，最悪なのです。まあ遊びだと承知でつきあうのならそれほど「悪い」ともいえないでしょうが，「占い」が好きで「パワー・スポット」と聞けばすぐに行ってみたくなる，という人たちは，アメリカにも大勢いるでしょうが，そういう人たちは悪徳業者や悪徳政治家から見れば，たぶん「一番だましやすい人たち」ではないでしょうか。

アメリカ人だけではありません。日本人もあまり威張れないので，そのことは太平洋戦争の頃の状況を調べると，よくわかります。

私は子どもでしたから，わけもわからず田舎（箱根）に疎開させられ，元の家（横浜）はアメリカ空軍の爆撃で焼かれ，ひもじい思いはしましたが，親ほどの苦労はもちろんしていません。父は医者でしたが，敗戦の少し前に徴用され，千葉

県のどこかで訓練を受けていましたが，幸い戦地に行くこともなく，無事帰ってきました。その間，疎開地に残された家族は食糧不足やしだいに激しくなるアメリカ軍の爆撃から，戦況がどんどん悪くなっていくことはわかっていましたが，新聞では「国民がんばれ，日本は神の国だから，さいごはかならず勝つ！」という調子でしたから，詳しいことはさっぱりわかりませんでした。敗戦直後に祖母がいったように，「勝つとも思わなかったが，まさか負けるとは思わなかった」というのが，あんがい当時の一般庶民の正直な気持ちを表していたかもしれません。

その後，大人になってから，「第2次世界大戦中にフランス抵抗戦線の一員としてアメリカ兵と一緒に，ドイツ兵と戦った」というフランス人の知人ができましたが，彼に尋ねられて私が答えられなかったのは，「日本はアメリカと戦争を始めることを，どのように思いついたのか？」という質問でした。「それは石油の輸入を止められて……」と答えかけると，「それは戦争を始めた理由（英語でいえばwhy）だろう。そんな理由がいくらあっても，あんなに国力が違うアメリカに戦争をしかけることなど，どのように(how)思いついたのか，わからん」といわれてしまいました。

昭和天皇にもわからなかったらしく，「アメリカと戦って，ほんとうに勝てるのか？」と関係者に何回も聞いたのに，みな「絶対，勝てます！」というので，折れて，宣戦布告に同意したのだそうです。

では，「勝てます！」と断言した連中は，どういう根拠でそういっていたのでしょうか。今となってはわかりませんが，結果的に見れば明らかな大間違いで，巻き添えになったアジアの諸国に多大な迷惑をかけたばかりでなく，日本国民にもとんでもない迷惑をかけたのです。

[補足]

当時の政府・軍部は「太平洋戦争は，アジアをイギリスやオランダの植民地支配から解放するための，正義の戦争だ」と宣伝していたのですが，実際に目指していたのは「イギリスやオランダに代わって，日本がアジアを植民地支配する」ことで，日本軍が占領した地域には，どこでもそのための行政機関（広い領域を陸・海軍で取り決めて分割統治し，陸軍は「軍政部」，海軍は「民政府」と呼んでいた）を作り，現地の人々の独立を容易に認めなかったのです。実際には戦争でアメリカに負けてしまいましたから，その直前に「独立」を承認したケースもあり，結果的に「独立を支援した」ことにはなりましたが，宣伝文句と実際にやっていたこととはかけ離れていました。ついでながら，「閣僚の靖国神社参拝」の問題の核心部分は，靖国神社が（伊勢神宮のような）政治的に中立な宗教施設ではなく，当時の軍部と同じ「あれは正義の戦争だった」という宣伝を今でも行っていることです。

太平洋戦争が始まってからは，日本は真珠湾攻撃やマレー半島攻略ではめざましい戦果を挙げ，シンガポールを予定より早く陥落させました。しかし，真珠湾攻撃は「宣戦布告」の手続きがばかげた手落ちで遅くなったために「開戦前の卑怯な奇襲攻撃」になってしまい，「真珠湾を忘れるな！」という標語でアメリカ人たちの戦意高揚に使われ，時間とともに「本気を出したアメリカの，工業力の恐ろしさ」が発揮されて，さいごは「惨敗」といっていい，ひどい負け方をしたのでした。

● **参考**　このあたりのことがよくわかる，読みやすい本を紹介しておきます。

［1］ 妹尾河童『少年 H』上・下，講談社文庫

［2］ 百田尚樹『永遠の 0（ゼロ）』講談社文庫

［3］ 飯田進『地獄の日本兵』新潮新書

「各地での惨敗」が国民にごく一部しか伝わらなかったのは，「軍事的な秘密を守る」ために，マスコミの報道が厳しく規制されていたためです。では，何のために秘密を守るのかというと，「国民が動揺しないように」，もっとはっきりいえば「国民が軍や政府のいうことにおとなしく従う」ようにするためで，そのためには多くの政治家・官僚・軍の指導者たちは「平気で大ウソをついていた」のでした。この「いざとなれば平気でウソをつく」ことを「政治的正当性」(political correctness) と呼ぶ人もいるくらいで，今でもその本質は変わっていないでしょう。

というわけで，一般大衆は生活が苦しくなっても「こんな戦争は早くやめたほうがいい」というと，まったく無視されるどころか「ご近所づきあいもできなくなる」とか，運が悪いと「逮捕・勾留される」ような心配もあったのです。そして戦争に負けると，新聞はころっと論調を変えて，「これで平和になった。これからは万事民主主義でないといけない」と，占領軍（中心はアメリカ軍）におべっかを使うような風潮が現れました。

もちろん，中には詩人・金子光晴のように「戦争中も抵抗し続けた」人もいました。彼は息子を戦争に駆り出されないように，無理やり風邪をひかせて徴兵検査に落第させるようなことまでやっているのです。また映画監督・脚本家の伊丹万作は，戦後の映画界の「戦争協力者さがし」に反対して，次のような文章を残しています。

> 多くの人が，今度の戦争でだまされていたという。みながみな口を揃えてだまされていたという。私の知っている範囲ではおれがだましたのだといった人間はまだ一人もいない。（中略）
>
> だまされたものの罪は，ただ単にだまされたという事実そのものの中にあるのではなく，あんなにも雑作なくだまされるほど批判力を失い，思考力を失い，信念を失い，家畜的な盲従に自己のいっさいをゆだねるようになってしまった国民全体の文化的無気力，無自覚，無反省，無責任などが悪の本体なのである。
>
> （大江健三郎編『伊丹万作エッセイ集』ちくま学芸文庫，p.92, p.97）

労働条件がどんどん悪くなり，多くの人が「考える」余裕も失われている今，また「秘密保護法」などで政府が好き勝手なことをするのが見過ごされて，太平洋戦争中の状況が繰り返されるのでは……と心配するのは，私だけでしょうか？

4. 信頼できるのは，やはり数学！

こういうときに信頼できるのは，やはり「永遠に変わらない，数学」でしょう。しかし，社会・政治の問題に応用できるのは，たとえば「2次方程式の解の公式」のような「個々の結果」ではなく，そういう結果を生み出せる「数学の考え方」なのです。まず「これだけはまちがいない」という**原理・原則**を見極めて，そこから一歩一歩，論理だけに従って，**正しい方向**に論理を進めてゆくのが，とてもだいじなことです。

もちろん社会・政治のレベルでそれを実行するのは至難の業で，私にはうまくできませんし，まして皆さんに「わかりやすい，模範を示す」ことはとてもできません。

しかし，ありがたいことに，数学者で広島市長もなさった秋葉忠利さんが，月刊雑誌『数学教室』（あけび書房）の連載“The Better Angels”で，8年以上にわたって毎月「よい考え方の見本」を示してくださっています（この連載がきっかけとなって，『数学書として憲法を読む』（法政大学出版局）という単行本も書かれました）。皆さんもこれに眼を通して，秋葉さんが書いておられることの内容を，それぞれの立場からよく理解していただけるとうれしい，と思います。そこからたぶん，数学のもっとも強力な応用が開けてゆくのではないでしょうか。

[『数学教室』2014 年 4 月号]

第1話

だれが“数”を見たでしょう？

「我，まぼろしの数を見たり。美しき玉の如きもの，果てもなくつながりてありぬ。汝等は何者ぞと誰何(すいか)せしに，石の如くおし黙りて，何処(いずこ)ともなくさまよい行きぬ」（安野光雅『わが友 石頭計算機』ダイヤモンド社，1973年，p.8より，ルビをつけて引用）

今回は「数とは何か」について，教養番組のようなお話をしてみたい，と思います。

1．0は数か？　1は数ではない？

「石」とか「山」は，実物があって，目で見ることができ，「これが石（あるいは山）だ」と指し示すことができます。風を見た人はいませんが，「木の葉をふるわせて，風が通り抜けてゆく」様子は見ることができます。しかし数については，「2個のおむすび」は見えても，「2という数」は，見ることも指し示すこともできません。

自然数から分数・小数に進むと，大学の先生でも悩んだ人がいる，次の問題があります。

$\frac{4}{2}$ は，分数？　自然数？

2.0は，小数？　自然数？

無難な解釈は，

"2.0" は，表現形式は小数であるが，それが表している値は自然数であるあたりかな，と思います。「小数」とか「分数」というのは表現形式の名前であって，「小数形式（あるいは分数形式）の，自然数」もある，というわけです。ただし，いちいち「小数記法」というのも面倒なので単に「小数」と呼び，また「小数記法で表された数」も単に「小数」というので，言葉としては区別していないのですが，「記法」と「数」そのものとは「やかましくいうと違う」ということです（あとで別の考え方を紹介します）。

"0" は数か？

「数」とは「何か，存在するもの」の量を表現する道具ですから，昔は「ない」ことを表す言葉「空・無・零（れい）」などは，数とは認めていませんでした。現在はもちろん，"零" も「数」の仲間に加えて，記号 "0" で表していますが，これはなかなか便利なもので，

（ア） 十進位取り記数法（空位の "0" が必要）
（イ） マイナスの数（基準の "0" が必要）

を考えるときには「なくてはならない」ものです。

しかし現代でも，子どもたちにとっては，"0" はけっして「直観的にわかりやすい」数ではないので，「空っぽの箱」（袋，手）などで「0 の実感をもたせる」などの工夫が望まれるようです。

なお，"0" という「空位を表す記号」を用いて位取り記数法を完成させるには「インド人の抽象的（哲学的）な思考能力が必要であった」という説がありますが，実務家の古代バビロニア人は，インドにおける「0 の発見」よりはるか前から「空位」を表す記号を使っていて，紀元前 500 年頃の「天文表」には「ほんとうの零を表す記号」が使われていたそうです（E. キエラ『粘土に書かれた歴史』板倉勝正訳，岩波新書，p.151）。

● **参考**　"零"（れい）は，もとは「雨が静かに降る」という意味です。草花が枯れ落ちる（あるいは人がうらぶれる）"**零落**" とか，また「ごく小さな」という意味で "**零細**" 企業ともいいます。

"1" は数ではない？

昔，「数ではない」とされたのは，"0" だけではありません。ものの個数は「複数個あって初めて，考える意味がある」ので，古代ギリシャの人たちは "1" を

「数」の仲間には入れませんでした。そう，2, 3, 4, …… が数なので，1は「数の父」であり，それ自身は「数ではない」と考えていたのです。

その習慣は，ヨーロッパの学者の間では17世紀にも生き残っていて，十進小数を発案したオランダのシモン・ステヴィン (1548–1620) によって，はじめて明確に「1も数である」と明言されたのだそうです。

2. 日本語の数

日本語の数には，中国伝来の**漢数詞**

イチ，ニ，サン，シ，ゴ，ロク，シチ，ハチ，キュウ，ジュウ

と，日本古来の**和数詞**

ひ，ふ，み，よ，いつ，む，なな，や，この，とお

が両方とも生きていて，習慣に従って使い分けられています。ただし，漢語系の「シ」と「シチ」がまぎらわしいため，カウント・ダウンのときには

ジュウ，キュウ，ハチ，**なな**，ロク，ゴ，**よん**，サン，ニ，イチ

と唱えることが（テレビの影響もあって，今は）多いようです。

中国伝来のシステムは「完全な十進法」なので，大きな数でも統一的な方式で数えることができる，便利なシステムです。百・千・万・億・兆・京……などの巨大数詞も，中国伝来です。

一方，日本語で実際に「数える」ときには「助数詞」とか「音便」があるため，外国人にとっては非常にむずかしいところがあります。たとえば「鉛筆を数える」ときを思い浮かべてください。

1本（イッポン），　2本（ニホン），
3本（サンボン），　4本（シホン・ヨンホン），
5本（ゴホン），　6本（ロッポン），
7本（シチホン・ナナホン），　8本（ハッポン），
9本（キュウホン），　10本（ジッポン）

余談　音便はもちろん昔からの規則なのですが，「知識不足のための類推」がまぎれこむこともあるようで，たとえば「茶髪」を私が「チャハツ」と読んだら，「チャパツ」と読む学生さんたちに笑われました。しかし「チャパツ」とは，たぶん「金

髪」（キンパツ）からのまちがった類推で，「本社発」でも「三（軒）茶（屋）発」でも音便は起こりません。なお，「ヨンホン」が音便を起こさないのは，昔「シホン」が標準であった名残りでしょうか？

“1” と “0” の読み方にもいろいろな習慣があります。たとえば “10” は，「イチジュウレイ」でもまちがいではないのですが，ふつうは単に「ジュウ」と読みます。“1500 円” は「センゴヒャクエン」，“11000 円” は「イチマンイッセンエン」と読むことが多いでしょう。

3. 数の使い道――連続量と離散量

数が表す量は，図 1 に示すような，

(A)　長さのように，滑らかに変化する**連続量**

(B)　個数のように，とびとびに変化する**離散量**

に分けられます。

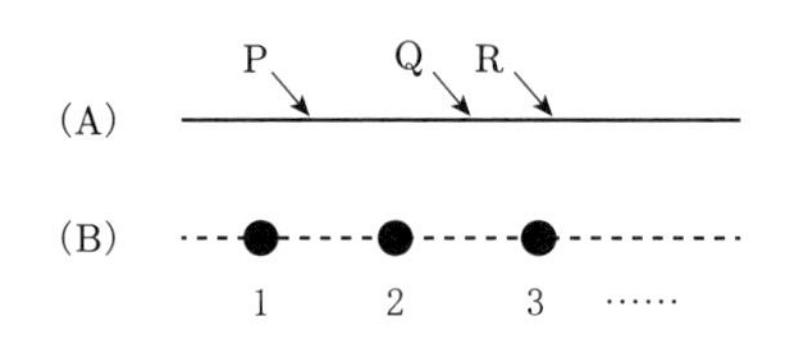

図 1　連続量と離散量

(A)　長さ PQ, QR, PR はなめらかに（連続的に）変化する，**連続量**

(B)　黒丸の個数 1, 2, 3, …… はとびとびに（離散的に）しか変化しない，**離散量**

連続量は大昔から土木工事・建築・天文学などに現れ，「測る」ことによって数値化されます。また，離散量は商業取引や徴税（お金），人口調査（人数）などに現れ，「数える」ことによって数値化されます。そしてこれらを表す数には，次のような大きな違いがあります。

(A)　測定された数値（長さなど）は，例外を除き，いくらかの「誤差」を含む近似値である。

(B)　数えられる数（金額など）は，多くの場合，誤差が許されない，正確な数値である。

どちらもとても大事なので，それぞれに適した数が発展しました。そして現在

広く使われているのが

(A) **連続量**：小数
(B) **離散量**：自然数・整数

です。

なお，分数は (A), (B) 両方に使われます。たとえば，「公平な分配」のために，

ぴったり3分の1（あるいは7分の1）

などという量を考えることができ，その場合には誤差は考えていません。ついでですが，定規とコンパスを使えば，基準となる長さの「ぴったり3分の1（あるいは7分の1)」を，正確に作図することができます。その一方で，長さや重さの「およそ3分の1」のように，だいたいの大きさ（誤差を含む数値）を表現するために分数を使うこともあります。

長さや角度の測定で出てくる数値は，ほとんどの場合，最初から「誤差」を含む「近似値」で，それを表すには小数が便利です。ただし身長・体重などでは，「そもそも一定でない」とか，「正確な測定は不可能」という問題があります。また，たとえば「ぴったり3分の1」は小数で表そうとすると

$$0.333\,333\,333\,333\cdots\cdots$$

という「無限小数」になってしまうので，実際にはどこかで打ち切って，有限小数で表します。

有限小数と分数を比べると，次のような一長一短があります。

(1) 有限小数は「誤差を含む，近似値」であるかわり，加減算も大小の判定もやさしい。

(2) 分数は「誤差を含まない，正確な大きさ」を表しているが，加減算は面倒で，大小の比較もむずかしいことがある。

一方，分数は「比」とか「割合」については，とても便利な道具です。そこで必要になるかけ算・わり算については，小数より分数のほうが，計算はやさしいでしょう。ただ，むずかしい「分数のたし算・ひき算」を理解するためには，「割合」ではなく，

「量」を表す分数

の理解が必要です──「割合」どうしを足したり引いたりできるのは，「同じ基準

量に対する割合」のような，特殊な場合に限るからです。このへんに，小学校での分数教育が「子どもにとって，とてもむずかしい」理由があるように思います。

4. 数とは何か

では，「数」とは結局，何のことでしょうか？　とりあえず自然数 $1, 2, 3, \cdots\cdots$（0 を含めてもよい）について，考えてみましょう。

数の性質

まず，まちがいなくいえるのは，次のようなところでしょう。

(1)　量を表す手段である。

(2)　関係 “$=$”, “$\leqq (<)$” が定義されている。

(3)　演算 “$+$”, “$\times$” などが定義されていて，基本的な法則を満たす。

“基本的な法則” としては，次の例があります。

- 交換法則　：$2+7=7+2, \quad 8\times 3=3\times 8$
- 結合法則　：$(5+7)+3=5+(7+3)$,
  $(5\times 7)\times 3=5\times (7\times 3)$,
- 分配法則　：$(7+9)\times 3=(7\times 3)+(9\times 3)$
  $6\times (9+5)=(6\times 9)+(6\times 5)$
- 推移法則　：$x<y$, $y<z$ ならば，$x<z$

数そのもの

その背景にある「数」そのものについては，次のような立場があります。

(Ⅰ)　直観的には，何か神秘的なもの。

(Ⅱ)　数学的・標準的には，ある集合。

(Ⅲ)　実務家にとっては，何でもよい。

皆さんは，どれが気に入るでしょうね？　以下，順番に観察してみますので，自由に採点をしてみてください。

(Ⅰ) 何か神秘的なもの

これは，何であるかは「問わない」あるいは「説明しない」ので，数学者としては気持ちが悪いのですが，案外「支持者が多い」かもしれません。「美しき玉のごときもの」と思ってもよいのです。

(II) **集合**

これは，「概念を集合論的に定義する」という現在の数学の標準に則した考え方です。以下，細かい話になりますし，集合論の記法を使いますので，面倒に思われたら，次の (III) まで，読み飛ばされてかまいません。

「概念を集合論的に定義する」とは，乱暴な例を挙げますと，

「猫」という概念＝すべての猫の集合 Cat

と考える，というようなことです。ある個体 X が猫かどうかは，X がその集合 Cat の中にあるかどうか，で決まりますから，猫という概念が集合 Cat によって確定した，と考えてもいいでしょう。

これを応用すると，個々の数 1, 2, 3, …… の概念は，次のように定義できます ── まず，「1 個のものの集合」

{ 私 }，{ 私の右目 }，{ 富士山 }，……

を考え，これらのすべての集合（やや大きめの括弧で囲む）

S_1 ＝{{ 私 }，{ 私の右目 }，{ 富士山 }，……}

を「“1” で表される数」と定義するのです。同様に，「“2” で表される数」とは，「2 個のものの集合」をすべて集めた集合

S_2 ＝{{ 私の両目 }，{ 私の両親 }，{ 東京，大阪 }，
{ ロミオ，ジュリエット }，……}

のことです（以下同様）。これはバートランド・ラッセル (1872–1970) の考えですが，使われる集合が「あまりにも漠然としている」という難点があります。

そこで，

「△個のものの集合の，1 つの具体例」

を固定して，それを「数△」とみなそう，というフォン・ノイマン (1903-1957) の考え方が生まれます。便宜上 “0” から始めることにして，まず，**“0” で表される数**とは

0 個のものの集合（空集合 $\emptyset$）

のことである，と定めます。そのあと

“1” で表される数 = “0” だけの集合 $\{\emptyset\}$

“2” で表される数 = “0” と “1” だけの集合 $= \{\emptyset, \{\emptyset\}\}$

以下同様に,

“3” で表される数 $= \{\emptyset, \{\emptyset\}, \{\emptyset, \{\emptyset\}\}\}$

“4” で表される数 $= \{\emptyset, \{\emptyset\}, \{\emptyset, \{\emptyset\}\}, \{\emptyset, \{\emptyset\}, \{\emptyset, \{\emptyset\}\}\}\}$

等々，と定めるのです。これは集合論の記法に慣れている人には「自然な考え方」で，有限の数だけでなく，無限の数（順序数）にも拡張できます。

(III) 何でもよい

この場合も「美しき玉のごときもの」でもかまわないのですが，話を明確にするためには,

「個々の数の特定の表現を，“数” とみなす」

のが手っ取り早いでしょう。これは

「“数” と “記数法” を区別しよう」

という，最初に述べた考え方には反するのですが，論理的に単純・明快で，実用的にはそれで少しも困りません。「特定の表現」とは，十進位取り記数法でもかまいませんし，A. チューリング (1912–1954) が使った，次のような記号列を利用することもできます。

“0” という数 → “ 1 ”

“1” という数 → “ 11 ”

“2” という数 → “111”

一般に「n という数」とは，次の記号列のことです：

“11$\cdots\cdots$1”　($n+1$ 個の “1” の列)

この定義によれば,「等しい」という関係 “=” や大小関係，また演算 “+”, “×” などが，自然に導入できます（ただし “×” の定義は漸化式を使うので，高校レベルになります）。

［『数学教室』**2016** 年 **6** 月号］

第2話

タイルと十進位取り記数法

1. タイルの効用

タイルについて

図1のように小正方形（タイル）で数を表わすのは，具体的でありながら「数えられるものの個性を消している」ために，わかりやすく便利なものです。また図2のように，「10個のタイルをまとめた棒」や，「10本の棒をまとめた板」を使うと，十進位取り記数法の原理を視覚的な「量感覚」と結びつけて，明快に示すことができます。

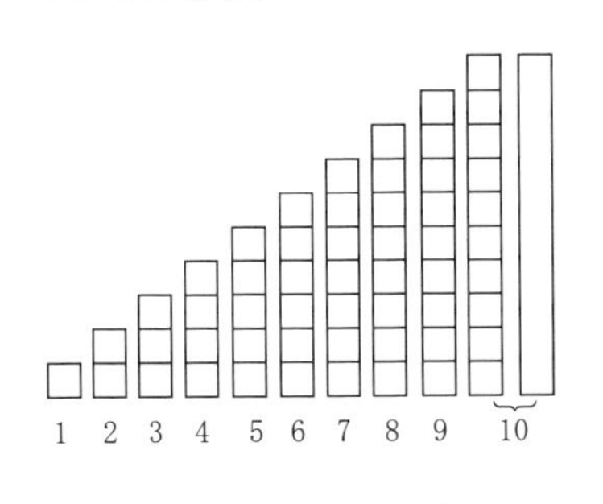

図1　1〜10のタイル表示

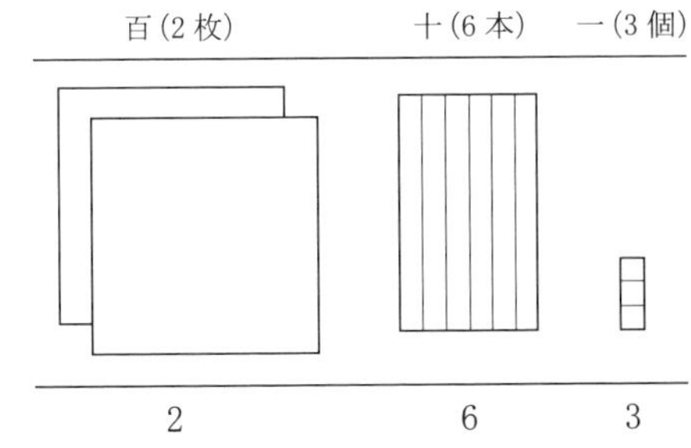

図2　タイル図：十進数のタイル表示

タイルと私

日本政府が「絶対に勝つ！」といっていた太平洋戦争に敗れた年，私は小学校3年生でした。疎開していたので助かりましたが，横浜の家は空襲で焼け，家が建っていた場所やその前の道路を見て「こんなに狭かったのか」と思いました。学校がなかった時期もあり，50人以上のすしづめ教室で授業を受けたこともありました。「生活単元学習」に特別の記憶はなく，教具としてのタイルも習いませんでした。

その後，数学教育協議会が誕生して水道方式を提唱し，タイルなどの教具を使った実践を展開しました。今では「大昔」の話かもしれませんが，1960年代には「タイルを使う奴はアカ（赤旗，共産主義者）だ」と攻撃されました。しかし，今やタイルは文部科学省の検定教科書にも広く採用され，「全国制覇」を果たした感じです。

といっても，先生方の中には，私と同様「きちんと習ったことがない」ため，あまり使わない方もおられるようです。しかし，タイルは「数の概念がよくわかっていない」子どもにはとてもよい教具だと思いますので，「どこがすぐれているのか」を私の理解の範囲内で，書いてみたいと思います。

数の概念

まずだいじなのは，

「まだわかっていない子どもが，どう考えるか」

を知ることです。わかってしまった大人が考えれば，数の計算など「たくさん練習をして，覚えればよい」ということになるかもしれませんが，数の理解を抜きにした暗記ではすぐに剥げ落ちてしまい，応用力がつかないのです。

そこで，「計算ができない子」がどんなふうに困っているか，から実例を見ていくことにしましょう。舞台は「ジャンセエニュ先生が教えている，世界中で一番いい少女たちの学校」です（A. フランス『少年少女』三好達治訳，岩波文庫，pp.24–25より，仮名遣いを改めて一部を引用）。

「ロオズ・ブノア，十二から四つを引くと後（あと）にいくら残るでしょう？」

「四つ！」ロオズ・ブノアがそう答えます。

ジャンセエニュさんは，この答えには満足な様子ではありません。

「では，エムリイヌ・キャペル，十二から四つを引くと後にいくら残りますか？」

「八つ！」エムリイヌ・キャペルはそう答えます。

「そうです。ロオズ・ブノア，残りは八つですよ」とジャンセエニュさんはいわれます。

ロオズ・ブノアは夢見心地になるのでした。残りは八つだということは彼女にもわかりました。しかしそれが八つの帽子か，八つのハンカチか，それとも八つの林檎か，八つのペン先か，それが彼女にはわかりません。こうした考えが，ずいぶん以前から彼女を困らせていたのです。彼女には算術がまるでわかっていないのです。

図３　“八つ”って，何のこと？

数は「相手は何でもよい」という，おそろしく一般的・抽象的なものです。だからロオズ・ブノアには，「八つ」というだけでは具体的なイメージを描けないのです。大人でも，「三角関数」とか「代数方程式」などといわれても「抽象的すぎて，何のことかわからない」という人が大勢いるでしょう。

ただ，たいていの大人は，八つとか十二ぐらいの数には慣れていて，悩むことはありません（数学的な能力がゼロではない証拠！）。しかし，慣れるまではここに大きなギャップがあるので，大昔の人たちも，この抽象性・一般性を乗り越えるのは，とても長い時間が必要でした。その点は，バートランド・ラッセル（1872–1970）がうまく言い表しています。（B. ラッセル『数理哲学序説』平野智治訳，岩波文庫，p.11）

> 雉の一番と，日の二日とが，ともに数２の例であることを発見するまでには永い歳月がかかったであろう。

蛇足　B. ラッセルは私の世代には懐かしい人ですが，イギリスの貴族・数学者で，ノーベル文学賞の受賞者でもあります（1950年）。若いころから平和運動・婦人解放運動などに熱心に参加し，1918年にはそのために投獄されましたが，1961年にも若者の反戦デモに参加して警官をてこずらせ，ついには89歳で，２度目の投獄を経験しました。生まれたのは明治５年，イギリスでも明治の男は逞しい？

数を「具体的なイメージ」とつなぐための工夫は，いろいろあります。安野光雅さんは「子どもの絵を，少しずつ崩して，さいごはおだんごにしてしまう：それでも数は変わらない」ということを，楽しい絵本で示してくれました。

● 参考文献

安野光雅『かずのだんご』(『はじめてであう すうがくの絵本』第2巻, 福音館書店)

ロオズ・ブノアは「おだんご」には慣れていないでしょうから,「何でもいいのですよ。迷うようなら, いつでもりんごだと思って計算しなさい」といってあげてもいいでしょう。またこの段階では, タイルが

「具体的でありながら, 個性がない」

という, いろいろなものを代表させるのに実に都合のよい性質をもっているのです。

タイルと十進構造

タイルは,

10 個ずつまとめる

ことによって「十進位取り記数法の原理」を視覚的に表現することができます。これに慣れると, 加減算でも

10 個でまとめる —— くりあがり

とか

10 個のまとまりをバラす (ばらばらのタイルに「両替」する)
—— くりさがり

という操作を画像として眼で見られるのですから,「十進位取り記数法の原理」と「十進数の計算の原理」の両方が, 理解しやすくなります (図 4)。

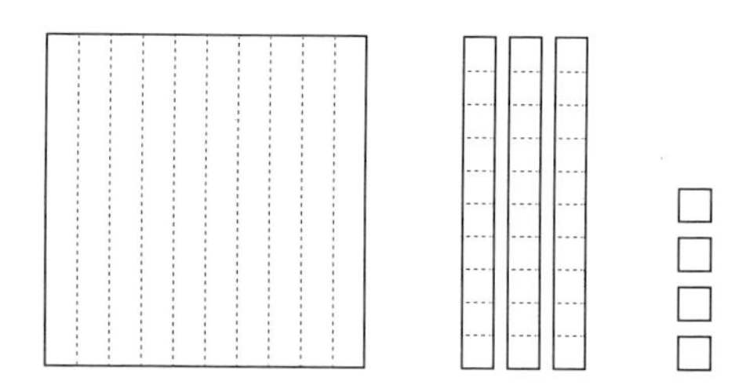

図 4　タイルによる数の表示

“1” は 1 個の (ばらばらの, バラの) タイルで表され, “10” は 10 個のタイルを, タテにまとめた棒 1 本で表される。また 10 が 10 個集まった “100” は, 10 本の棒をまとめた 1 枚の板で表される。だから上の図：1 枚＋3 本 ＋4 個で 1 百 3 十 4, つまり 134 が表されている。なお,「まとめたものを, さらにまとめる」のはとてもだいじなことなので, 子どもたちには「100 個のタイルの板」までは, 見せてあげたほうがいい。

2. たし算とタイル

5・2 進法

ところで，「10 でまとめる」前に，「5 でまとめる」というやり方もあります。人間が

数えないで，ひと目で「いくつ」とわかるのは，ふつうは 3 か 4 が限度

という事実がありますので，

5 個でまとめる

とわかりやすいことが多いのです。よい例が「アジアのそろばん」で，そろばんを上下の 2 段に分けて

上（天）の珠は 5,
下（地）の珠は 1

を表しています。これは「ひと桁を 10 個の珠で表すロシアのそろばん」に比べて，わかりやすさが違います ── 図 5 をご覧ください（器用な日本人には，使いやすさもけた違い！）

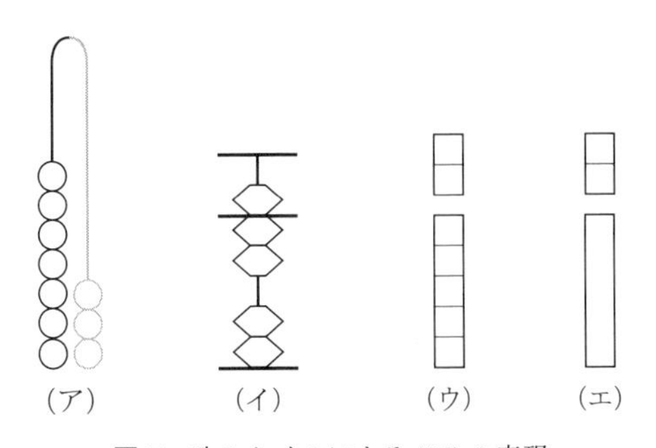

図 5　珠やタイルによる “7” の表現

（ア）　ロシアそろばんでは，「7 個の珠」で 7 を表す：

横から見ると逆 U 字形の針金に 10 個の珠が通されていて，表に 7 個（裏に 3 個）おく。6, 7, 8, 9 は，ひと目では判別しにくい。

（イ）　日本の算盤では，上段の「天の珠」を下げて “5” を表し，下段の「地の珠」を 2 個上げて 2 を表し，あわせて 5 + 2 = 7 を表している。これなら 6～9 も，ひと目でわかる。

（ウ） 7個のタイルのうち，5個をまとめている（中が見えるので「びんづめ」の5という）。

（エ） まとめた5を，仕切りなしの長方形で表している（中が見えないので「カンヅメ」の5という）。

このように「5個でまとめた1組（5進法）」は「2組で繰り上がって，10になる」ので，後の部分は一種の2進法です。そのため図5（ウ），（エ）の表現法を，**5・2進法**（ごにしんほう）と呼ぶことがあります。

十進法とたし算

「たし算」では，「くりあがり」がむずかしく，いろいろな計算法があります。たとえば“6＋8”という計算をするとき，ある教科書では次のように教えているのだそうです（図6）。

① 足す数8を10にする：2ふやせばよい。

② そのために，6を4と2に分ける。

③ すると

$$6+8=(4+2)+8=4+(2+8)$$
$$=4+10=14$$

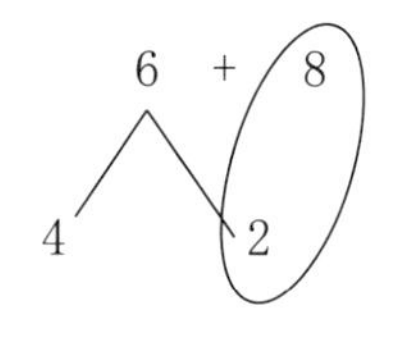

図6 6＋8の計算法

一方，5・2進法なら，この計算は図7のようになり，実に簡単・明瞭です！

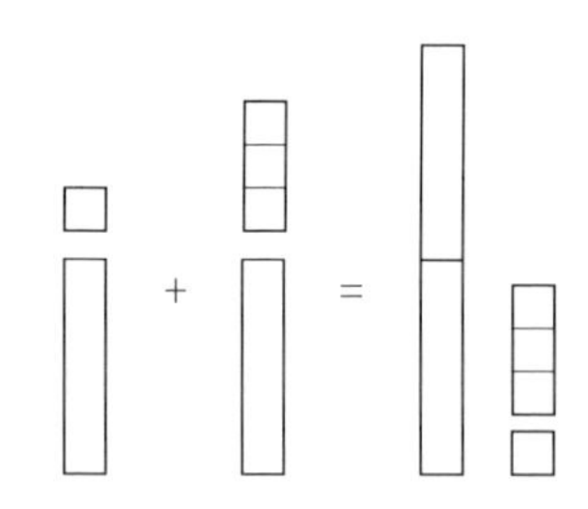

図7 5・2進法による，6＋8の計算法

$$6+8=(5+1)+(5+3)=(5+5)+(1+3)=10+4=14$$

タイルの効用

タイルの効用については，次のような報告があります。

例1 タイルにこれほどの威力があるとは思いませんでした。タイルを仲介にした結果，子どもたちは計算ができるようになり，算数が大好きだというようになりました。（多久龍太郎『遊び心派教師がいい——生まれかわっても小学校教師になりたい』，太郎次郎社，p.107 より）

例2 2人の学習困難な1年生に“タイル・セット”を紹介して取り組んでもらったら，簡単なひき算については，学校の方針通り“タイルなし”で教わってきた「よくできるはずの子どもたち」のほうが苦戦していて，時間もかかるしまちがいが多いのです。タイルで習った子はぱっとできてしまうので，2年生まで注目しています。（学童クラブの経験から——市川良さんの私信）

教科書のやり方（図6）だと，かなりの時間をかけて線習させても，2ヵ月ほどですっかり忘れてしまい，期末試験では「指を折って数える」とか「覚えていた答えを書く」子もいて，まちがいが多いのだそうです。一方，タイルに親しんだ子は

「覚えている答えにも誤りがほとんどない」

という話です。

なお，多久先生は

> 二年目に入った水道方式の実践は，私たちの理解が深まるにつれて効果をあげ始めました。（前掲書，p.119）

と書いておられるので，私などがマネをしてみてもすぐには効果を挙げられないでしょうが，「ただ手を動かす」だけではいくら時間をかけても身につかないけれど，「量のイメージと結びついている」としっかり頭に残る，ということではないでしょうか？

3. 数の表現

漢数詞

第1話でも少し触れましたが，日本ではまだ文字がなかったころに，当時の先進国の中国から「漢字」だけでなく，数詞の体系も学びました。それは「完全な十進法」に基づくみごとな体系で，そのありがたみは，英語やフランス語の数詞と比べてみるとよくわかります：

① 「十一から十九まで」は，日本語では「十（と）いくつ」ですが，英語ではそれぞれの数に個別の単語（数詞）を使います。

② フランス語では十進法だけでなく，六十進法や二十進法もまぎれこんでいて，たとえば：

70 を「60 と 10 (soixante-dix)」といい，
80 を「4 つの 20 (quatre-vingts)」，
90 を「4 つの 20 と 10 (quatre-vingt-dix)」

というのです。

石原慎太郎さんは「こんな数詞を使っているフランス人は，頭が悪い」といったそうですが，「フランス人は石原さんより頭がいいので，ぜんぜん困らない」ともいえます。もちろん「いちいち計算している」わけではなくて「覚えている」ので，誰でも「4 つの 20 と 10」と聞けば「90」がパッとひらめくのです——計算はあまり上手ではありませんが，それはたぶん別の問題で，フランスの数学は，世界のトップ・レベルなのです。ついでながら，フィールズ賞受賞者の数は，国籍で分けると（2018 年現在）：

① アメリカ，フランス 各13，③ ロシア9，④ イギリス8，⑤ 日本3，
⑥ ベルギー，ドイツ，イタリア，イラン 各2，⑩ その他はどの国も 1 または 0。

なお第 1 話でも触れましたが，日本には漢語系の数詞「一，二，三，……」のほか，「ひ・ふ・み・よ・いつ・む・なな・や・この・とお」という“和数詞”もあり，「ひとり舞台・ふたつ返事」など，いろいろな熟語に残っています。

大きな数

大きな数を表す言葉「百，千，万」なども，中国から輸入されました。「万」より上も，中国の学者が発明した，次のような数詞があります：

あとのほうは実用からかけ離れていますが，おもしろがる子もいるのではないでしょうか？

万，億，兆，京（けい），垓（がい），𥝱（じょ），穰（じょう），溝（こう），澗（かん），正（せい），載（さい），極（ごく），
恒河沙（ごうがしゃ），阿僧祇（あそうぎ），那由他（なゆた），不可思議（ふかしぎ），無量大数（むりょうたいすう）

これらの数詞がどんな数を表すかについては，2 通りの解釈があります。

(1) **小乗法**：10 倍ごとに進む。

億＝十万，兆＝十億，京＝十兆，……

なお，江戸時代に出た有名なベストセラー，吉田光由の『塵劫記（じんこうき）』でも，寛永4年（1627年）に出た初版本では，万以上極までは，この方式が採用されています。ただし「恒河沙」以上が「万万倍」ごとに新しい数詞に進むことは，あとの版と同じです：

恒河沙＝万万極，阿僧祇＝万万恒河沙，
那由他＝万万阿僧祇，不可思議＝万万那由他，
無量大数＝万万不可思議

(2)　**大乗法**：万以上極までは，1万倍ごとに進む。

億＝万万，兆＝万億，京＝万兆，……

これが現在使われている方法で，『塵劫記』もあとの版ではこれです。

算用数字と十進位取り記数法の効用

小学校の算数では，兆・京とか恒河沙・阿僧祇などの巨大な数詞は教えず，かわりに算用数字

0，1，2，3，4，5，6，7，8，9

と「十進位取り記数法」を教えます。これらを使えば，特別の数詞なしに

「どんな大きな数でも表せる」

のですから，その効用は「無限大」ともいえるでしょう。

そういうすばらしさを「見逃さずに，いつか子どもたちにも伝える」ことは，「計算線習」のはげみにもなる，おもしろくだいじなことではないか，と私は思います。

［『数学教室』**2015**年**4**月号］

第3話

たし算・ひき算を考える
——計算のスパルタ式訓練は身につかない

1.「体でおぼえさせる」ということ

大昔は「大和魂（日本人魂）を鍛えるため」とかいって，ひたすら忍耐を強いる訓練が，特に体育会系のクラブで広く行われていました。軍隊でも「士官が兵卒をしごく」とか，新米の兵卒（新兵（しんぺい））に対する「指導」と称する体罰，今の言葉でいえば「いじめ」がすさまじく，次のような歌までありました。

新兵さんはつらいものよ，
また寝て泣くのかね……

今は見なくなりましたが，昔は書店にたくさん並んでいた「兵卒体験記」に「上官（じょうかん）のいじめ」が具体的に書かれていて，「世界中で，敵より上官が憎いなんて国が，どこにあるだろうか」とか「兵ノ士官ニ含ムトコロ，ソノ不信ハカクモ深キカ」というような話もありました。

今はスポーツの指導にも「科学的トレーニング」が常識となって，体に悪い「うさぎ跳び100回」とか「水を飲まずにがんばらせる」というような練習は，消え失せたと聞きます。ですから，「厳しい訓練・教育法」を意味する「スパルタ式」という言葉も，もう死語になったでしょうか。

［補足］
スパルタは古代ギリシャでアテネと覇権を争った都市国家で，その軍事中心の教育制度は「スパルタ式」と呼ばれていました。

しかし，算数・数学では，今でも「たくさんの計算問題を，反復練習させる」という教え方が，広く残っているようです。それは「うさぎ跳び」のように「体に悪い」ことはないでしょうし，頭にも特別悪いとは思えませんが，「かけた時間と効果の比率」には問題があるようで，「特訓をやめると，2～3ヵ月で忘れられてしまう」という報告もあります。

水泳や自転車などは，「一度覚えたら，一生忘れない」といわれます。いったい，どこが違うのでしょうか？

①　水泳も自転車（に乗ること）も「体を使って行うこと」ですが，計算は，手も使っていますが「頭で行うこと」です――その差は大きいでしょう！

②　水泳でも自転車でも，失敗するとすぐ「水を飲んで苦しい」とか「ころんで痛い」思いをしますが，計算練習は失敗してもその場ではわからず，あとで点数をつけられてやっと「ああ，まちがえたんだな」とわかります。だから○でも×でも，答えを書いた時点では，痛くもかゆくもありません。

③　泳ぐことでも自転車に乗ることでも，はじめて成功したときにはとてもうれしくなります。私も路地で自転車を練習して，はじめて「まともに走れた」ときには，もううれしくて，ずいぶん遠くまで走ってきた記憶があります（その頃は自動車が少なくて，初心者の自転車でも危険はありませんでした）。一方，計算練習には，そういう喜びはないでしょう――結局，「点数の上下」だけが問題なので，それにとらわれて「わかる喜び」が忘れられるのは，よいことではありません。

計算は，手も動かしますが，「頭で行う」ものなので，手をいくら動かしても，それが「頭に残る」とは限りません。「小学生にもできる分数の計算を大学生にやらせてみたら，成績がとても悪かった」という報告があるくらいに，小学生のときに「できていた」ことでも，中学・高校と進学する間に「すっかり剥げ落ちてしまう」ことが珍しくないのです。

では，どうすればいいのか。ある程度の「計算の反復練習」は，理解を確かめるためにも必要でしょう。特に大事なのは「十進位取り記数法」の原理をよく理解することで，たとえば，

十二を，12と書き，102とは書かないのはなぜか

ということも，よく理解しておかなければなりません。

加算・減算の計算練習も，その理解を深める役に立つはずです。ですから，たとえば「くりあがりのある加算」で，やり方としては

(1)　$6+8=(4+2)+8=4+(2+8)=4+10=14$

(2)　$6+8=6+(10-2)=10+(6-2)=10+4=14$

(3)　$6+8=(5+1)+(5+3)=(5+5)+(1+3)=10+4=14$

などいろいろありますが，どれにしても，「なぜそうするのか」をタイルや図を上手に使って「ああ，なるほど」と思ってもらうことが大事です。

実際にどう計算するかは，慣れとか子どもの好みも含めて一長一短がありますから，教科書にある (1) だけを

手順として教え，反復線習によって身につけさせる

ということに，時間を掛けすぎてはいけない，と私は思います。そのような「理解抜き」の教え方だけでは，結局頭に残らなかったり，最悪の場合には生徒に不満が残り，「算数嫌い」を増やしてしまうかもしれないのです。

小学校の教科書を見ていて，ふしぎなことはほかにもあります。

「簡単な計算は，暗算でやらせる」方針らしく，最初の段階ではヨコ書きの計算式しか使わないのです：

$$6+8=14$$

そのため

$$2+8=28,$$

$$10+2=102$$

のようなまちがいをする子もいるそうです。しかし，十進位取りの原理を「まだよく理解していない子」に教えるときは，ヨコ書きより

$$\begin{array}{r} 2 \\ +\quad 8 \\ \hline 10 \end{array} \qquad \begin{array}{r} 10 \\ +\quad 2 \\ \hline 12 \end{array}$$

というタテ書きのほうがわかりやすく，あとでも一貫して使えるし，まちがいも少ないでしょう──タテ書きの計算なら，「$10+2$ の答えを 102 と書く」子はずっと減るのではないでしょうか？

「やさしいから」と暗算でやらせるのは，まだたし算を「やさしい」とは思っていない子どもには，強制できないことのはずです。タイル図などで「十進位取り記数法の原理」に慣れさせながら，タテ書きで確認をしながら話を進めれば，$10+2$ を 102 と書いてしまう子にも「まちがいに気づかせる」ことがしやすくな

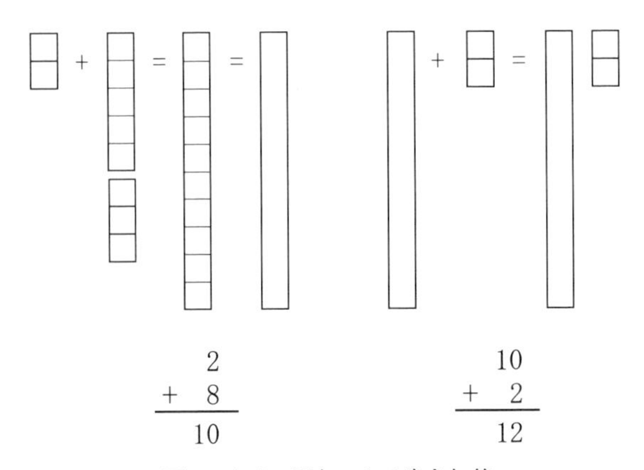

図1　タイル図と，タテ書き加算

るでしょう。漢字では「十二」と書くのですから，十が“10”，二が“2”なら，十二を“102”と書けばよい，と思う子がいても，ふしぎではありません！

注意　このことの背景には，数学教育協議会（遠山啓）対文部省（塩野直道）論争などが隠れているようです。しかしもう，そのような歴史的対立から足を洗って，「タイル」は譲って大きなところを見せた文部科学省が，「暗算優先主義」からもそろそろ脱却して，腕の立つ教員にもっと自由度を与えて，「子どもに合った教育」を，それぞれの現場で選べるようにしてほしいものだと思います。それは「子どもにも自由度を与える」ことであり，それを押さえつけていたら，今盛んにいわれている

国際的競争力を身につけた人材を育てる

ことなど，できるわけがありません！

2.　ひき算とは何か？

ひき算の使いみち

そもそもひき算とは，どんな場合に使うのでしょうか。

（ア）　いくつか取った残りを求める（**求残**）：13個あったクッキーを，誰かが8個食べてしまいました。残りはいくつでしょう？
（イ）　差がいくつかを求める（**求差**）：お姉ちゃんは13歳，ぼくは8歳。年はいくつちがうでしょう？

絵で描けば，図2のようになるでしょう。

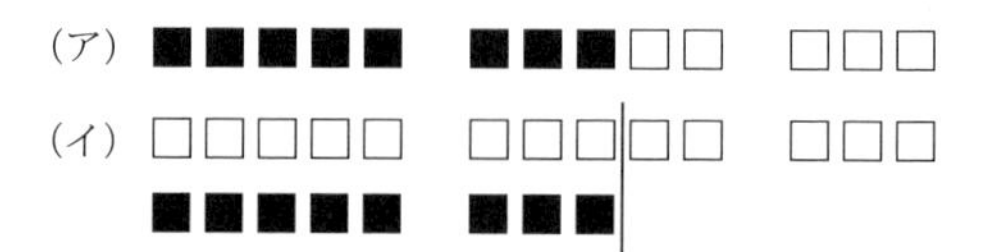

図2　減算のいろいろ：（ア）求残（イ）求差

図2（ア）では，13個のクッキー□のうち「食べられた」8個を黒く塗って■にしてみました。白いままの□が「残り」なので，残りは5個とわかります。

一方，（イ）では，13個の□（お姉さんの歳）の下に8個の■（弟の歳）を，左端をそろえて描き，■の右端にタテ線を描いていますが，明らかに「タテ線より右の□」の個数が「差」を表しています。しかし，（イ）の下の■を，上にずらして□と重ねてしまえば（ア）とまったく同じ図になり，残る□ももちろん（ア）と同じですね。だから「求差」でも「求残」でも，答えはいつでも同じになります。

年齢は「食べられない（取れない）」のですが，このように絵を描いてみれば，「食べられたのと同じ」であることは，明らかといっていいでしょう。

逆加算？

ある本で，次の問題を別のタイプとして扱っていました。

> （ウ）　学校の大きな水槽に，去年は8匹の金魚がいました。今年は13匹います。何匹ふえたでしょうか？

これは加算の問題の「逆」，つまり

$$8 + ? = 13$$

の“？”を求める問題だと考えて，“逆加算”と呼ぶのだそうです。しかし，このような「分類」は，私はあまり好きではありません。年齢と同様に，図2（イ）のように「絵に描くことはできる」と考えれば，これは「求差」と同じことで，特別扱いする理由はないでしょう。

それより，「絵を描いて，本質を見抜く」という強力な方法を，あちこちで使って見せたほうがずっと有益――ではないでしょうか？

余談　“逆加算”は，代数で基本的な“逆演算”とは一致しません。実際，

$$\bigcirc + ? = \triangle$$

の“？”を求めるのが逆加算なら，

$$\bigcirc - ? = \triangle$$

の“？”を求めるのが逆減算，ということになるでしょう。しかしこの“？”は $\bigcirc - \triangle$ と表されるので，この意味の“逆減算”は減算なのです——表現をちょっと変えれば，このような「揚げ足取り」は避けられますが，油断は禁物です！

3. ひき算の計算手順

やさしい場合

2桁以上のひき算のうち，やさしいのは

$$\begin{array}{r} 26 \\ -\ \ 3 \\ \hline 23 \end{array} \qquad \begin{array}{r} 365 \\ -263 \\ \hline 102 \end{array} \qquad \begin{array}{r} 999 \\ -267 \\ \hline 732 \end{array}$$

のように，どの桁についても「すぐに引ける」場合，つまりどの桁でも不等号

引く桁数字　≦　引かれる桁数字

が成り立っている場合で，1桁のひき算の繰り返しですらすら答えが出ます。なお，この「タテ書きの計算式」は，十進位取り記数法がよくわかるので，なるべく早くから教えるといいでしょう。

注意　これを「やさしい」と思えるのは，とてもだいじなことです。最近，ある現場の先生から次のような話を聞いて，びっくりしました。

> むずかしいひき算（あとで扱う，「くりさがり」のある場合）をていねいに教えて，みな満点を取れるようになってから，念のためにやさしい計算問題を出してみたら，誰もできない！　そこでやさしい問題を，「タイル図を描いて解く」ように指導したら，たいていの子は4, 5題で要領を会得して，あとは図なしでも正しい計算ができるようになった。

現在の指導要領では，やさしい場合は横書きの式で暗算でやらせるので，十進位取り記数法の理解が不十分のまま「むずかしい場合」に進んでしまい，「くりさがりの計算」を一般的な手順として，覚えてしまうのでしょう。もったいないことです。

むずかしい場合

ところで,

$$\begin{array}{r} 6\ \mathbf{3} \\ -2\ \mathbf{8} \\ \hline ?\ ? \end{array} \qquad \text{とか} \qquad \begin{array}{r} 4\,\mathbf{0}\,\mathbf{5} \\ -1\,\mathbf{3}\,\mathbf{6} \\ \hline ?\,?\,? \end{array}$$

のように，ある桁で「引く数のほうが大きい」ところが現れると，計算はむずかしくなります。ノートに□や■を描けば答えはわかりますし，指折り数えてもある程度はわかりますが，数が大きくなると手だけでは足りなくなり，小学校だと「足の指を使おうとして，うまくいかず，足をバタバタさせる」子もいるそうです。

これを乗り越えるには，ふつうは次のような方法を指導します。

> 上の位から 1（下の位から見れば，10）を借りてきて（**くりさがり**：あとで「返さない」ので「もらってきて」が正しい？），引く。

タテ書きの計算式で書きますと：

$$\begin{array}{rrr} & 5\,\not{6} & {}^{1}3 \\ - & 2 & 8 \\ \hline & 3 & 5 \end{array}$$

下の桁で $13-8=5$，上の桁で（6 を 5 に書き直してから）$5-2=3$ を求めれば計算完了です。なお，ここでは $13-8$ は「何らかの方法で（たとえば暗算で）できる」として，基本的な考え方を説明しました。念のためタイル図も示せば，次の図 3 のようになります。

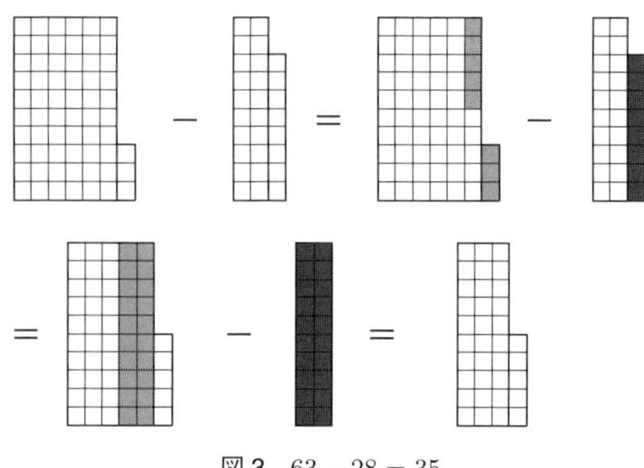

図 3　$63-28=35$

減加法（げんかほう）：

たとえば，

$$13-8=(3+10)-8=3+(10-8)=3+2=5$$

まず「10から8を引いて，その答え2を3に加える」ので，**減加法**と呼ばれます。$10-8=2$ の**2**は，8の（10に対する）**補数**と呼ばれ，これを覚えているとひき算の役に立ちます。ほかにも，3は7の補数，4は6の補数などとなります。

例

$$\begin{aligned}63-28&=(50+13)-(20+8)\\&=(50-20)+(13-8)\\&=(50-20)+3+(10-8)\\&=30+(3+2)=35\end{aligned}$$

これは手順としては，先に

10からの減算：$10-8=\mathbf{2}$

を行い，そのあとで

加算：$3+\mathbf{2}=5$

を行っているので，減加法と呼ばれます。ひき算が「1桁の数を，10から引く」ことに「標準化」されているので，そのぶんやさしくなっています。

減減法（げんげんほう）

ところで，この計算は，次のようにしてもできます。まず注意すべきことは，次の事実です：

> 引く数と引かれる数の両方から，同じ数を足しても引いても，答えは変わらない。

たとえば $13-8$ の，引かれる数13，引く数8からそれぞれ同じ数3を引いても，答えは変わらないでしょう。式で書けば

$$\begin{aligned}13-8&=(13-3)-(8-3)\\&=10-5=5\end{aligned}$$

これを応用すると，さっきの問題 $63-28$ は，次のように計算することもできます（図4）：

① 上の桁の 3 を 0 にし，下の桁で 8 を $8-3=5$ におきかえて，問題を少し簡単にする。

② 簡単な場合の，減算実行。

$$
\begin{array}{rrr}
 & 6 & \not{3}0 \\
- & 2 & \not{8}5 \\
\hline
 & &
\end{array}
\qquad\qquad
\begin{array}{rrr}
5 & \not{6} & {}^{1}0 \\
- & 2 & 5 \\
\hline
 & 3 & 5
\end{array}
$$

①　　　　　　②

図 4　減減法の手順

これは「減算を続けて 2 回」行っていますね。これが減減法です。これも，① は 10 より小さい数どうしの「やさしいひき算」ですし，② は「10 からのひき算」ですみますので，やはり計算が少しラクになります。

なお，ひき算にはほかに「減 0 法」，「パスカル法」というのもありますが，子どもに教えるのは面倒なので，ここでは省きます。

● **参考**　フランスでは，「引かれる数の，上の桁から（取り崩したぶんの）1 を引く」かわりに，「引く数の，上の桁に 1 を加える」という手順を教えているそうです。もちろん答えは同じです！

もちろん「減加法と減減法を 2 つとも教える」のは混乱のもとなので，1 つを教えて練習をし，あとは子どもたちに任せればいいでしょう。そうたくさんの場合があるわけではないので，そろばんをやっている子ならすぐに「暗算でできる」ようになってしまうでしょうし，

いくつかは暗算で，いくつかは自己流で，あとは教わった方法で

やってもよいのです。

なお，私自身はどう習ったかまったく覚えておらず，「減加法」とか「減減法」という言葉も最近まで知らなかったのですが，自分がどう計算しているか考えてみたところ，どうも

「8, 9 など大きな数を引く」ときは減加法，

「3, 4 など小さな数を引く」ときは減減法

でやっているようです。暗算でやってしまうこともあるのでよくわからないのですが，お金の計算ではどんどん電卓を使ってしまいます。それはほかの大人たち

でも同じでしょうから，今は

計算の「意味」さえわかっていれば，計算の「技術」の重要性はほとんどない

といえそうです。

ですから，あるクラスで

減減法をリクツぬきで，手の運動として教え，子どもはわけもわからず計算をしていた

というような話を聞くと，私などは

それでは手にも頭にも残らないので，時間のムダじゃないのかなあ？

と思ってしまいます。

そういえば，「10と5つで，15」ですが，「10が5つでは？」という問いに「50」と答えず，「15」と答える子もいるそうです。こういう違いも，図5を見せれば「誤解は防げる」のではないでしょうか。

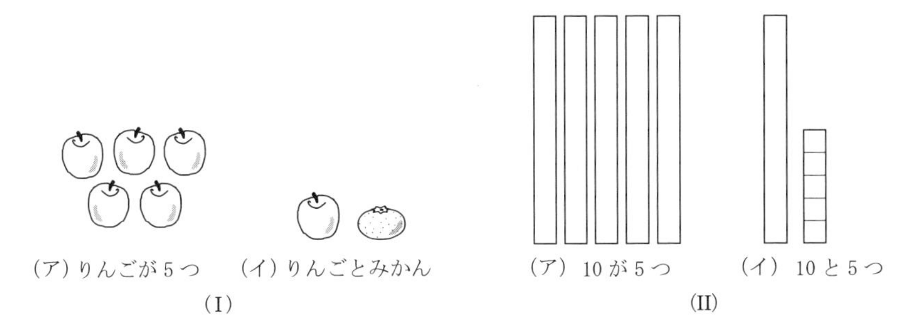

図5 「が」と「と」の違い

[『数学教室』2014年5月号，2015年5月号]

第４話

長さを測る

1. 長さを測る —— 目分量で測る，ものさしで測る

眼で見て，見当をつけることを**目分量**といいますが，昔は長さでも重さでも，ひと目で正確にいい当てる名人がいたそうです。現代人はどうでしょうか。

長野県の高校教師 和田博さんが高校生を相手に行ったアンケート調査のまねをして，私も大学１年生を対象に，長さ５センチの直線を示して「この線の長さは何センチですか」（ほか，項目多数）と聞いてみたことがあります。その結果は，「2センチ」から「14センチ」までの幅広い回答が得られ，「長さの感覚（常識）がほとんどない人」がけっこういることがわかりました。

今はもちろん，「メートル法のものさし」で測ることが多いでしょう。A4判の用紙のタテは29センチ７ミリ（297ミリ），ヨコは21センチ（210ミリ）など，ものさしを使えば簡単に測れます。メートル法は十進位取り記数法との相性もいいので，十進小数の勉強にも役立つかもしれません。

2. 長さの表し方

十進小数がなかった大昔は，個別単位をたくさん作って，大小さまざまの長さを表していました。たとえば日本では，中国渡来の次のような体系が使われていました——ここでは明治以後の法律で統一された規格で示します。

１町＝36間，　１間＝６尺，　１尺＝10寸

なお，１メートル＝３尺３寸です。

もっと細かい単位も決められていました。

1寸＝10分，　1分＝10厘，　1厘＝10毛，
1毛＝10糸，　1糸＝10忽，　1忽＝10微

[補足]

“分” 以下は小数と呼ばれ，長さ以外でも分＝0.1，厘＝0.01，毛＝0.001，……という意味で使われました。なお，割＝0.1を使う場合は1桁ずれて，分＝0.1割＝0.01等々になります。

このあとずっと「10分の1ずつ」ですが，

繊，沙，塵，埃，渺，莫，模糊，逡巡，須臾，瞬息，弾指，
刹那，六徳，空虚，清浄

と続きます。

これらは江戸時代には実際に使うあてのない，完全な「学者の遊び」でしたが，現代の技術はだいぶ追いついてきて，「ミリ（毛）」リットル，「マイクロ（微）」グラムを超えて，「ナノ（塵）」メートル，「ピコ（莫）」秒などという単位が現実に使われています。

イギリスではもっと複雑で，次のような単位が使われています（**ヤード・ポンド法**。なお，「足」の単数形フートfoot，複数形フィートfeet）。

1フート＝12インチ＝0.3048メートル，
1ヤード＝3フィート≒0.9144メートル，
1チェーン＝22ヤード，
1マイル＝80チェーン＝1760ヤード
　　　　＝1609.344メートル≒1.6キロメートル

地域ごとの単位から国際単位へ

昔は地域によって，それぞれ独自の単位が使われていました。表Iにいくつかの例を示しますが，「足の長さで決めた」といわれるフートも，地域によってずいぶん違うことがわかります（ミラノの領主の足は約40センチ，大男だった？　誇大広告？？）。

表 I　18 世紀ヨーロッパの，長さの単位
（「長さ」はイングランドのインチで表す）

単位名	地域	長さ
フート	イングランド	12.000
	スコットランド	12.065
	パリ	12.788
	アムステルダム	11.172
	ミラノ	15.631
エル	イングランド	45.000
	スコットランド	37.200
	スウェーデン	23.380
オーヌ	パリ（絹織物）	46.786
	同上（掛布類）	46.680
	ジェノヴァ	44.760
ブレイス	ローマ（建築）	30.730
	同上（商人）	34.270
	フィレンツェ（商人）	22.910

出典：『エンサイクロペディア・ブリタニカ』初版本 (1771)，
Geometry の項の Part II より

こんなに違うので，地域の交流が進むにつれて，一方では「単位統一」の必要性が強まったでしょうし，また他方では「慣れた単位を変えることへの抵抗」も強かったであろう，と想像されます。

実際，1790 年にフランスの国民議会で世界標準の新しい単位を制定することが提案されてから，国際規格が決められ普及するまでに，200 年近くもかかったのでした。まず 1791 年に，

北極から赤道までの距離の 1000 万分の 1

を 1 メートル（だから地球の 1 周は約 4 万 km）と定め，1875 年にようやく「各国が統一に協力すること」を定めた**メートル条約**が発足，1885 年に日本も加入しました。日本ではその後，長いこと「メートル法」と昔からの「尺貫法」とを併用していましたが，1951 年の法律（計量法）でメートル法以外の使用が禁止されました。

ついでながら，アメリカでは 1875 年，イギリスでは 2000 年以来，日本と同じようにメートル法が基本――のはずですが，政府が「メートル法の普及」に熱心でなかったため，昔からのヤード・ポンド法が今でも主流で，国際的にも（アメ

リカが強い）飛行機や宇宙開発で使われています。

ところで，昔，1メートルを決めるために行われた「ダンケルクからバルセロナまでの距離の測定」には，いくらかの誤差があったでしょう。そこで1879年に，基準となる「メートル原器」というものを造り，その長さを1メートルと定めました。しかし，実際の測定の場面では，メートル原器ではなく「そこから作ったものさし」で測るので，マイクロ（微，百万分の1）メートルの単位で正確に測ることなど，とうてい不可能でしょう。

そこで現在は「光は真空中を一定速度で進む」という物理法則を利用して，次のように決められています（1983年）：

1メートル＝光が真空中を299792458分の1秒に進む距離

そんな決め方の，どこがいいのでしょうか？　光ならばどこでも発生できるので，わざわざメートル原器を運んでこなくても，精密な測定ができるのです。今ではレーザー光線などハイテクを利用して，「5億分の1メートル」まで正確に計測できるのだそうです！

3. ローテクで測る

半端（はんぱ）を測る

個別単位がまだ発達せず，十進小数ももちろんないような時代には，ものさしの最小単位で測りきれない半端は，分数で表すしかありませんでした。そのため「3等分点や4等分点が記されたものさし」があったでしょうし，どちらにも使える「12等分ものさし」もあったかもしれません。「1フートが12インチ」とか「1時間は60分」などの12や60の出所は「いろいろな半端をぴったり表せる」ことでしょう。

ついでですが，「5等分点」と「6等分点」の両方を明示しているものがあります。「日覚まし時計」で，2つの時刻の間に，長針で分刻みを読めるように5等分する点と，短針で10分刻みを読めるようにするための6等分の点とが，両方ついています（図1参照）。

図1　目覚まし時計の目盛

ものさしを使わない測り方

昔のものさしはそれほど正確ではありませんし，もともと「目盛りにない半端」は，目分量でしか測れません。そこで「ものさしを使わない測り方」が工夫されています。

たとえば，ある円筒について，直径を 1 としたときの円周の長さ（**円周率**）は，どんな数で表せるでしょうか？

円周は，紙テープを巻いて引き延ばせば，ある直線 AB の長さにおきかえることができます。直径が案外測りにくいのですが，木のブロック（かレンガ）で円筒を 3 方向から囲めば，向かい合うブロックの間の長さとして，やはりある直線（紙テープ）CD の長さに置き換えられます。問題は，CD を基準とする AB の長さ（AB と CD の比の値）を「どのように求めるか」です。

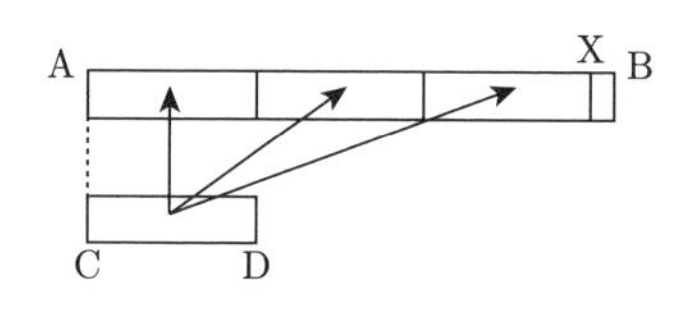

図2　AB から CD を，繰り返し切り取る。

3 回切り取れて，XB が余った――切らなくても（折るかエンピツなどで）目印をつければよい。

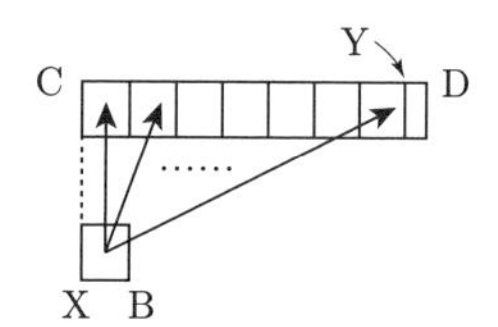

図3　CD から XB を，繰り返し切り取る。

図 2 よりかなり拡大している：7 回切り取れて，YD（少し大きく示す）が余った。

誰でもすぐ思いつくのは，次のようなやり方でしょう。まず，長さ AB の端から長さ CD を繰り返しあてて，「何回切り取れるか」を数えます。ちょうど 3 回で余りがなければ

$$\mathrm{AB} = 3 \times \mathrm{CD}\,(=1) = 3$$

ですが，この場合は 3 回切ったところでほんのちょっぴり，余り XB が出ます（図 2）。

ここから先が工夫のしどころですが，次のような方法があります（図 3）。

先ほどの余り XB で，CD を「何回切り取れるか」を調べます。すると 7 回切り取れて，わずかな余り YD が出ます。式で書けば

$$\mathrm{AB} = 3\mathrm{CD} + \mathrm{XB}, \qquad \mathrm{CD} = 7\mathrm{XB} + \mathrm{YD}$$

ということです。そこで「YDは小さいから，無視しよう」と考えれば，7XB = CD となり，

$$\frac{\mathrm{CD}}{\mathrm{XB}} = 7, \qquad \frac{\mathrm{AB}}{\mathrm{CD}} = 3 + \frac{\mathrm{XB}}{\mathrm{CD}} = 3\frac{1}{7}$$

という式が導かれます。最後の値が

CDを長さの基準1としたときの，ABの長さ

あるいは

ABとCDの比（の値，円周率）

ですが，小数に直すと

3.142857……

で，「**約率**」と呼ばれる，円周率のなかなかよい近似値となります！（正しい値は $\pi = 3.1415926\cdots\cdots$）

余りYDを無視したくなければ，

新しい余りYDで，前の余りXBが何回切り取れるか

を調べます。ここは作業が非常に細かくなるので，よほど大きな円筒でないとうまくできないのですが，理論的には16回，切り取れるはずです（図4：実は16回にはほんの少し足りないのですが，Z≒Bの区別は肉眼ではまずできません）：

$$\mathrm{XB} = 16\mathrm{YD}$$

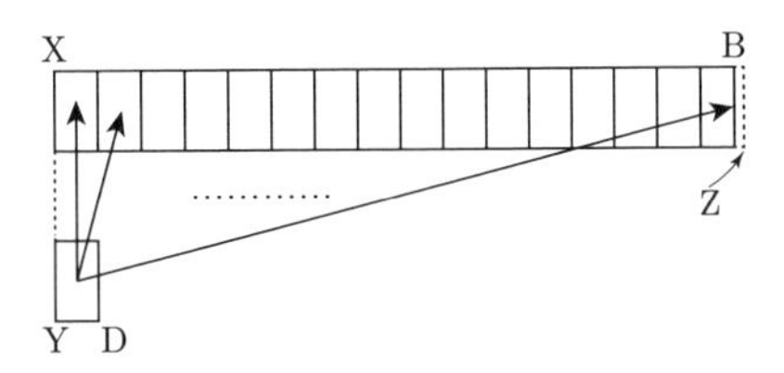

図4 XBからYDを，繰り返し切り取る。
前の図よりさらに拡大している。

そこで次のような計算ができます。

$$\frac{\mathrm{XB}}{\mathrm{YD}} = 16,$$

$$\frac{\mathrm{CD}}{\mathrm{XB}} = 7 + \frac{1}{16} = \frac{113}{16},$$
$$\frac{\mathrm{AB}}{\mathrm{CD}} = 3 + \frac{16}{113} = \frac{355}{113},$$

最後の分数は小数に直すと

3.14159292……

で，円周率の正しい値と小数点以下 6 桁まで合っています（これが有名な「**密率**」です）。

このように

新しい余りで，前の余りを何回切り取れるか

を繰り返し調べる方法を「**互除法**」と呼びます。段数が増えると，切り取る作業もあとの計算もどんどん細かく面倒になりますが，理論的には

誤差をいくらでも小さくできる

という，おもしろい方法です。

[補足]

これまでに述べた「長さの比を求める互除法」のほかに，もうひとつ「最大公約数を求める（ユークリッドの）**互除法**」というものがありますので，簡単に触れておきましょう。

2 つの正整数 $m > n$ について，次の事実が成り立ちます：
m を n で割った余りを d とおくと，

m と n の最大公約数 $=$ n と d の最大公約数

これを応用すると，たとえば 298267 と 282593 の最大公約数を，次のように「割って余りを求める」ことの繰り返しで求めることができます。

$298267 \div 282593 = 1$ …… 余り 15674

$282593 \div 15674 = 18$ …… 余り 461

$15674 \div 461 = 34$ …… 余り 0

最後は割り切れたので，15674 と 461 の最大公約数は 461 です。ところが

上の事実から

$$
\begin{aligned}
&298267 \text{ と } 282593 \text{ の最大公約数}\\
&=282593 \text{ と } 15674 \text{ の最大公約数}\\
&=15674 \text{ と } 461 \text{ の最大公約数}=461
\end{aligned}
$$

だから，求める最大公約数も 461 です！

教科書によく書いてある「共通の約数で割る」という方法で，やってみてください——上の答えを知らなければ，そもそも「共通の約数を見つける」ところで行きづまってしまうでしょう。

[補足の蛇足]

ユークリッドの互除法でも最大公約数を求めるのに手間がかかるのは，いわゆる「フィボナッチ数列」の隣り合う項を並べた，たとえば 987 と 610 のような場合です——その理由はやってみればわかりますから，ぜひためしてみてください！

[『数学教室』**2013** 年 **5** 月号]

第5話

分数とは何か

1. 分数とは何か

量分数

前話で触れたように，昔は「ものさしの目盛りにない半端」を表すために，分数を使いました。今から 4000 年以上も前の古代エジプト文明の時代に，長さだけでなく，小麦の重量やピラミッドの体積その他についても，すでに分数が使われています。そのような「量を表す分数」を「**量分数**」といいます。

量分数のわかりやすい例は，「等分割」でしょう。

たとえば，ようかん 1 本の「半分」は 2 分の 1（本），「四半分」は 4 分の 1（本）です。図 1, 2 の（ア）のように

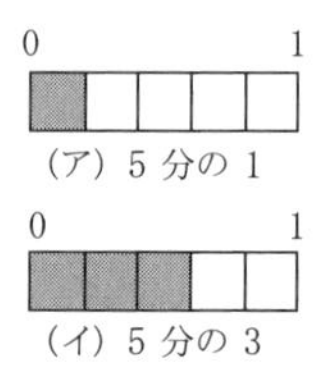

図 1　量分数の意味（長さの場合）
単位長さを等分割（5 等分）している。

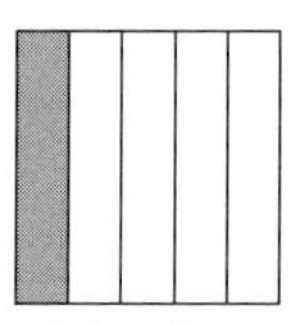

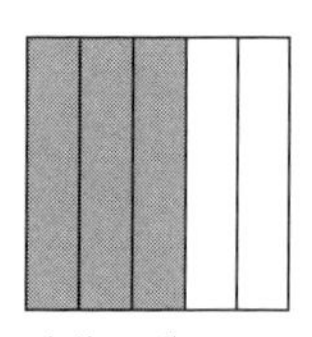

図 2　量分数の意味（面積の場合）
ここでは「単位面積の正方形」を等分割（5 等分）している。

基準の長さ 1 を 5 等分した，ひとつ

は「5 分の 1」で，これらは「**単位分数**」と呼ばれます。そして，その「5 分の 1」の 3 倍が「5 分の 3」です（図 1, 2（イ））。式で書けば：

$$\frac{3}{5} = 3 \times \left(\frac{1}{5}\right)$$

また図３から，次のことも「あたりまえ」といっていいでしょう。

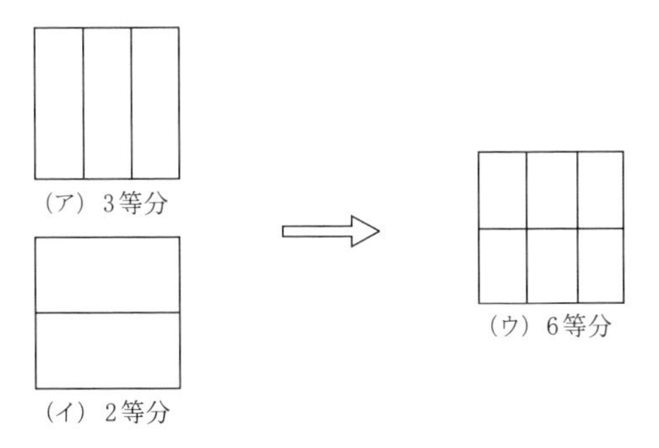

図３　３等分の２等分（面積の場合）

１の３等分の各部分をそれぞれ２等分すれば，１の $(3 \times 2 =) 6$ 等分になる。

同じ図３から

１の６等分の４つぶんは，１の３等分の２つぶんと同じである

こと，式で書けば

$$\frac{4}{6} = \frac{2}{3}$$

ということもあたりまえ，ではないでしょうか。

ここから「**約分**」(左から右へ）とその逆の「**倍分**」(右から左へ）の正当性がわかります。

約分・倍分で，分数の見かけは変わりますが，

それが表している大きさは変わらない

というのは，分数のとてもだいじな性質です。

割合分数

量を表すためには，あとで発明された小数のほうが便利なことが多いので，量分数の役割は大昔に比べて，今ではずいぶん軽くなっていると思います。

その一方で，分数は「割合」(比）を表すのにもよく使われます。実は長さを数値で表すときにも，「単位長さ」を決めなければ数値化できないので，数値としての長さとは，実は「長さの比（比の値)」のこと，なのでした。

新聞やテレビにも割合分数はよく出てきます。

(ア) 2012年12月の衆議院総選挙の投票率は，3分の1に達しなかった。
(イ) 非正規雇用者の数は，2007年以来，全体の3分の1を超えている。

またお料理で，「5人分の材料が…… だから，3人分の材料はその5分の3」というような計算をすることは，珍しくないでしょう。このように「割合（比）を表す分数」を**「割合分数」**といいます。

なお「パーセント」(百分率，%）とは「100に対する割合」のことですから，これも一種の割合分数です。“per” は「あたり，につき」，“cent”（もとは “centum”）は「百」を意味するラテン語です。ついでですが，鉄道の傾斜でよく用いられる「パーミル」(per mill「千あたり」，**千分率**，記号‰）という単位もありますし，最近は

ppm (parts per million，**百万分率**)，
ppb (parts per billion，**十億分率**)

などという言葉も，ときどき見かけます。なお “parts” は「粒子」を意味します。

単位と「パー」

「パー」(記号 “/”）は物理量の単位にもよく使われています。たとえば，速度は「毎秒（1秒当たり）の進む距離」(meter per second) ですから

m/秒　あるいは　m/s

と書きます。加速度は「毎秒の速度変化」なので “$\mathrm{m/s^2}$”，力は「1 kgの物体に引き起こす加速度」なので “$\mathrm{kg \cdot m/s^2}$”，という調子です。

これらはむずかしい例ですが，

1皿あたりのパンの枚数：枚/皿，
1リットルあたりのガソリンの値段：円/L

などはわかりやすいでしょう。このように「単位」を明示すると，たとえば

$2^{枚/皿} \times 5^{皿} = 10^{枚}$,
$1380^{円} \div 10^{\mathrm{L}} = 138^{円/\mathrm{L}}$

のように，計算の意味がわかりやすくなることがあります。

余談　あるガソリン・スタンドで，次のような掲示が出ていたそうです：

　　安い！　**138 L/円**

　これは（もちろんまちがいですが）「1円につき 138 L」という意味なので，たしかに安い！

2. 分数の和

　割合分数さえ教えればいいのだったら，小学校の分数教育はずいぶんラクになるでしょう。しかし残念ながら，割合分数はかけ算・わり算とは相性がいいのですが，たし算・ひき算とは相性が悪く，まちがえやすいものです。その理由は，分数のたし算が，たとえば図4のように

半分足す半分は1，

分数式で書けば

$$\frac{1}{2}+\frac{1}{2}=1,$$

小数に書きなおせば

$$0.5+0.5=1$$

と，量分数に基づいて決められているためです。

図4　半分足す半分は1（面積の場合）

　まちがえやすい例として，こんな問題はどうでしょうか。

> **例題1**　ここに塩分5％の水が40グラム，塩分10％の水が60グラムあります。両方を混ぜあわせると，塩分の割合はどうなりますか？

　小学生の中には

$$5+10=15\,(\%)$$

と，たし算で答えを出す子もいるでしょう。大人なら

「混ぜあわせるだけで，塩分が濃くなるわけがない！」

という常識を発揮して，この計算がまちがいであることはわかります。しかし，「では何パーセントになるか」となるとまちがえる人が多く，

足して 2 で割ればよい（平均を取ればよい）

という「時には正しい常識」に惑わされて，

$$(5+10) \div 2 = 7.5\,(\%)$$

と答える大学生もいます。これは 2 種類の塩水が同じ量ならいいのですが，40 グラムの塩水と 60 グラムの塩水を混ぜるのですから，常識で考えて「60 グラムの塩水」の影響のほうが大きく，正解は 7.5％より少し大きくなるでしょう。

正確にどんな値になるかは，きちんと計算すれば出てきます――まず塩水の総量はもちろん

$$40 + 60 = 100\,(\text{グラム})$$

ですが，塩の総量は

$$40 \times 0.05 = 2\,(\text{グラム}), \qquad 60 \times 0.10 = 6\,(\text{グラム})$$

を合わせた

$$2 + 6 = 8\,(\text{グラム})$$

です。したがって，全体としての塩の割合は

$$\text{塩の総量} \div \text{塩水の総量} = 8 \div 100 = 0.08,$$

すなわち 8 パーセントです。

このように

「ある成分の，全体としての割合」

を求めるには，「その成分（塩）の総量」と「全体（塩水）の総量」を求め，それからわり算でその割合を求めなければならないので，単純なたし算にはなりません！

注意 “%” の計算でも，100 で表されている「全体」が共通であれば，「全体としての割合」は量分数と同じように，単純なたし算で求められます。たとえば同じ学校で，

20 歳代の教員の割合が 25％，

30歳代の教員の割合が30％
（このときの「全体」は教員全員）

なら，両方を合わせた「20〜30歳代の教員の割合」は$25+30=55\,(\%)$です。

例題2　赤いリボンと青いリボンが2つの箱に入っています。左の箱の4本のリボンのうち赤いのは1本で，右の箱の6本のうち赤いのは4本です。では，全体として，赤いリボンの割合はどれだけですか？

この問題だと，大人でも，その人なりの「常識（非常識？）」を発揮して，次のような計算をする人がいます：

$$\frac{1}{4}+\frac{4}{6}=\frac{1+4}{4+6}=\frac{5}{10}=\frac{1}{2}=0.5$$

さて，ここで皆さんにお願いです。

(A)　この計算が正しいと思う人は，以下の説明を読んで，「どこが，どうしてまちがっているか」をよく考えてください。

(B)　この計算がまちがっていると思う人は，「まちがいのポイントはどこか，どうすれば正しいと思っている人を説得できるか」を考えてください。

上の計算では，しっかり「赤いリボンの総数」5と「リボンの総数」10を求め，それからわり算をしていますので，答えは正しい「赤いリボンの割合」になっています。しかし，この計算は，「分数のたし算」**ではありません**——もし分数のたし算が

「分母の和を分母にし，分子の和を分子にすればよい」

のだったら，「半分と半分を足しても，やっぱり半分」ということになってしまいます：

$$\frac{1}{2}+\frac{1}{2}=\ ?\ \frac{1+1}{2+2}=\frac{2}{4}=\frac{1}{2}$$

さきほどの計算で「偶然，正しい割合が出てしまった」のは，

分母の和が，正しい全体量になる

ためで，それは約分をしてしまうと，もう成り立ちません：

$$\frac{1}{4}+\frac{4}{6}=\frac{1}{4}+\frac{2}{3}=\ ?\ \frac{1+2}{4+3}=\frac{3}{7}=0.428571\cdots$$

そもそも分数の計算は，個々の分数の大きささえ変えなければ，小数に直しても，約分（倍分）しても，結果は変わらないはずです ── さもなければそれは「分数の計算」ではなく，分母・分子の選び方も関係する，「何か複雑な操作」ということです。塩水を合わせたときの「全体の塩の濃度」の計算は，例題 1 で説明したような，たしかに複雑な操作でした！

このようなことがありますから，分数の加減算を教えるときには，「量分数」に基づいて，紙テープや折り紙などをうまく利用して，しっかり理解してもらわないといけないでしょう。しかしそのあたりは，短いスペースではとても書けませんので，ここでは「理論的なポイント」だけを挙げておきたいと思います。

（ア）　加減算では，単位がそろっていないと意味がありません。たとえば $1+2=3$ は正しいが，

$$1\,\text{時間} + 2\,\text{kg}, \qquad 1\,\text{km} + 2\,\text{m}$$

はどちらも無意味です。ただし後者は，単位をそろえて数値を修正すれば，足せます：

$$1\,\text{km} + 0.002\,\text{km} = 1.002\,\text{km}, \qquad 1000\,\text{m} + 2\,\text{m} = 1002\,\text{m}$$

（イ）　量分数は，単位分数を単位として「その何倍か」という形で量を表している，と考えられます。だからたし算に先立って，単位（分母）をそろえなければなりません。たとえば

$$\frac{1}{4} + \frac{4}{6} = \frac{1}{4} + \frac{2}{3}$$

について，仮に

「3 分の 1」を「サンダ」，

「4 分の 1」を「ヨンダ」，

「12 分の 1」を「スーダ」（“ダース” の反対）

と呼ぶことにすると，

$$\frac{1}{4} + \frac{2}{3} = 1\,\text{ヨンダ} + 2\,\text{サンダ}$$

では「単位が違う」ので足せないが，

$$\frac{1}{4} + \frac{2}{3} = \frac{3}{12} + \frac{8}{12}$$

なので

$$\frac{1}{4} + \frac{2}{3} = \frac{3}{12} + \frac{8}{12} = 3\,\text{スーダ} + 8\,\text{スーダ} = 11\,\text{スーダ} = \frac{11}{12}$$

というように，「単位をそろえれば足せる」ということです。

これが「通分」ということです！

3. 分数の導入について

理論的には分数を「比の値」として

$$m : n = m \div n = \frac{m}{n}$$

のように導入することも考えられます。比の記号 “:” を，そのままわり算の記号として使っている国もあるくらいです。

しかし，「長さ」と違って，目に見えない「比」とは何かは，わかりにくいものです。実際，3 : 5 とか 6 : 10 という具体的な比ならともかく，

3 : 5 と 6 : 10 は，同じ比である

というときの「比」が何を意味するのか，きちんと説明できる大人は（数学専攻の人を除いて）ほとんどいないのではないでしょうか？

★ なお「比」（割合）については，第7話でまた取り上げます。

教える側の悩み

分数の何を基本として理解させるか，どこから入るかはむずかしい問題で，小学校の先生たちの研究会でも，いろいろな方法が提案され，議論が続いているようです。また「全体をどうまとめるか」を考えずに，一部分だけで「これに限る！」というわけにはゆかないので，私にははっきりした結論を述べる力がありません。しかし最終的には，いろいろな見方が理解でき，等式

$$\frac{m}{n} = m \div n = m \times \left(\frac{1}{n}\right)$$

を「あたりまえ！」と思えることが理想でしょう。

［『数学教室』**2013** 年 **6** 月号］

第6話

かけ算・わり算を考える

1. かけ算・わり算の基礎

「これ何算？」がまず難関

小学校では，文章問題を見せられると「これ何算？」と聞く子が多いそうです。その理由にはいくつかパターンがありますが，九州の小学校教師 井出順二さんが，おもしろい指摘をしておられます（参考資料[1]）。

> どのパターンの子も，「これ何算？」と聞いてからやることを，悪いこととは思っていない。「わからないから，聞いた」わけだ。

知り合いの小学校の先生から伺った話ですが，教科書でわり算のページに入ったとき，黒板に文章問題を書いて，見て回っていたら，すぐにわり算で解き始めた子がいました。そこで念のために
「どうしてわり算をしているの？」
と聞いてみたら，その子は憤然として
「だって，ここはわり算のページでしょ！」
と答えたそうです ──「問題の意味を理解してわり算を選んだ」のではなく，「さらに高度な判断力を働かせた」というべきでしょうか？

整数のわり算と余り

ところで，小学校で最初に教えるわり算は「整数どうし」ですから，たとえば $12 \div 5$ のように「割り切れない場合」もあります。

また，文章問題には

（ア） 12 個のアメ玉を，5 人で分ける（5 等分する）── 分けられない半端の 2

を余りとする。

（イ）　12個のアメ玉を，5個ずつ配る——配れない半端の2を余りとする。

という2つのタイプがあります。（ア）には**等分除**（とうぶんじょ），（イ）には**包含除**（ほうがんじょ）というりっぱな名前がついていますが，私がいろいろな人に聞いてみたところでは，これらの言葉を知っている人は（小学校の先生を除いて，大学の数学の先生でも）ほとんどいませんでした。

ついでながら，「何人かの（たとえば5人の）子どもにアメ玉を配る」とき，

（ア）　等分除は「みんなに公平に配る」ので，みんな安心の「**にこにこわり算**」

（イ）　包含除は自分のところまで回るかどうか心配なので，「**どきどきわり算**」

という呼び方もあり，これなら（一度耳にすれば）記憶に残るかもしれませんね。

かけ算・わり算の前提

かけ算・わり算の理解に役に立つ，といわれる「**かけわり図**」というものがあります。これで「かけ算・わり算のどちらをすればよいかがわかるようになった」という子もいますので，要点をご紹介したいと思います。

まず，準備として「4ひきのウサギがいます。耳はぜんぶで何本でしょう？」という問題を考えてみましょう。これが問題になる（答えがひとつ決まる）のは，「どのウサギも，1ぴきあたりの耳の数は2本」と決まっているからで，この共通の数2を「**1あたり量**」といいます。これが乗除算を行う前提で，図1のように「ウサギごとに耳の数が違う」場合には，かけ算は使えず，

$$2+0+4+1=7$$

のように，個別の耳の数を足し合わせなければなりません！

図1　夢の国の，ウサギの耳

かけわり図

「1あたり量」（1ぴきあたりの量）が一定なら，それに「いくつ分（何ひき分）」

かを掛けて全体の量が得られます。ウサギの場合は：

1あたり量		いくつ分		全体量
$2^{\text{本/ひき}}$	$\times$	$4^{\text{ひき}}$	$=$	$8^{\text{本}}$

ということです。この関係を描いたのが，図2の「かけわり図」です。

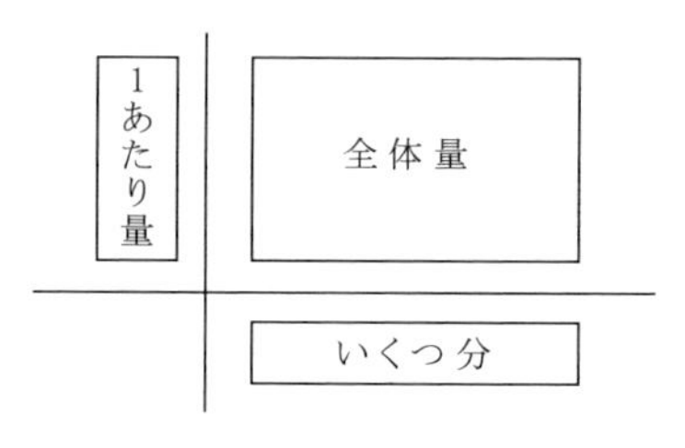

図2　かけわり図

このような図を描くことができれば，「かけ算か，わり算か」の選択は簡単です。

例題1　りんごを1人に2こずつ，4人に分けるには，何このりんごがいりますか？

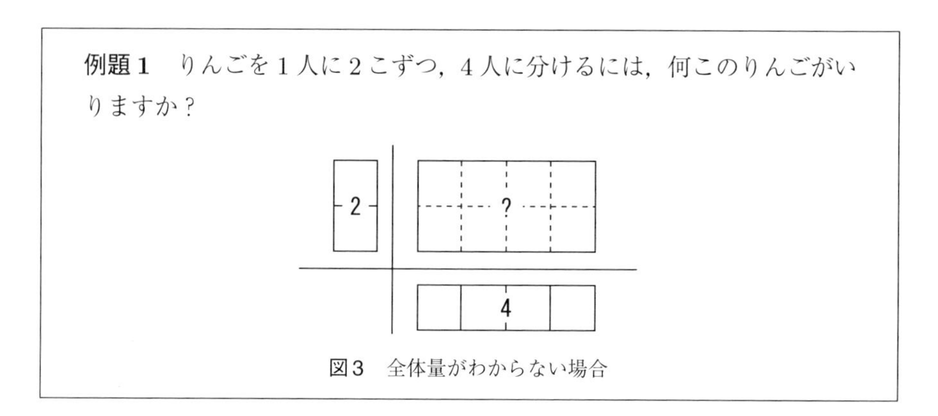

図3　全体量がわからない場合

問題に「分ける」という言葉があるので，反射的に「わり算！」と思う子もいるようですが，図3のように「**全体量がわからない場合は，かけ算**」なのです。例題1では「1人あたりのりんごの数（1あたり量）が2」でその「4つ（人）ぶん」なのですから，その全体は：

$$2^{\text{こ/人}} \times 4^{\text{人}} = 8^{\text{こ}}$$

だから8こが正解です。

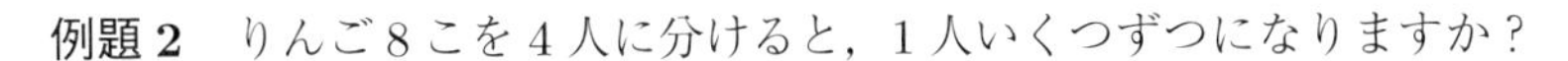

例題2　りんご8こを4人に分けると，1人いくつずつになりますか？

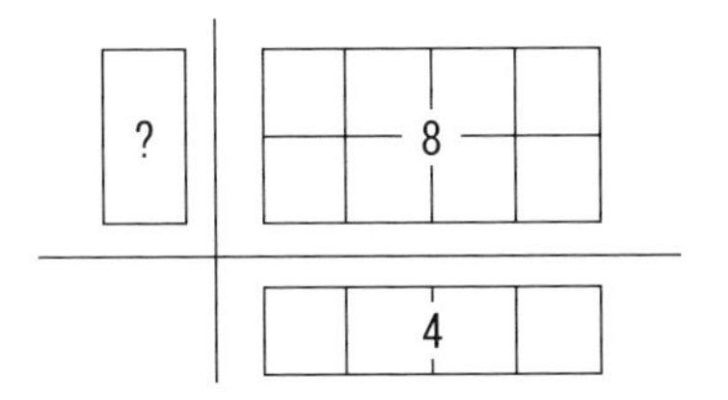

図4　「1あたり量」がわからない場合

図4のように「**1あたり量がわからない場合は，わり算**（等分除）」なので，「全部で8こ」を4人でわけるなら，次のように計算します：

$$8^{こ} \div 4^{人} = 2^{こ/人}$$

例題3　8このりんごを1人2こずつに分けたい。何人に分けられますか？

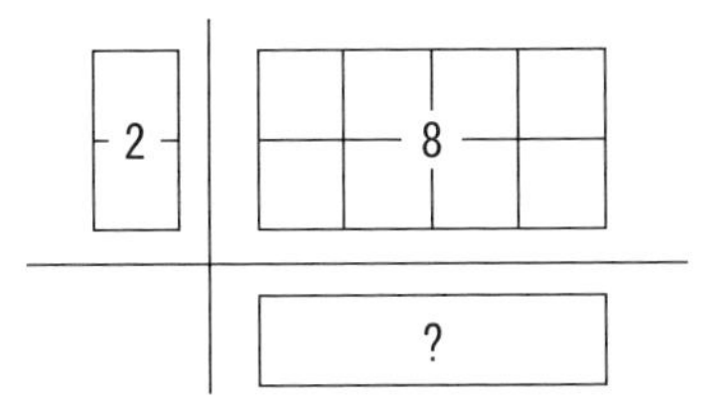

図5　「いくつ分」がわからない場合

図5のように「**いくつ分**（何人か）**がわからないときも，やはりわり算**（包含除）」で，

$$8^{こ} \div 2^{こ/人} = 4^{人}$$

から「4人に分けられる」とわかります。

注意　ここの「単位」はわかりにくいかもしれませんが，気にしなくてかまいません。

かけ算の順序について

さきほど，「4人に2こずつ，りんごを分けるときの，りんごの総数」を

$$2^{\text{こ}/\text{人}} \times 4^{\text{人}} = 8^{\text{こ}}$$

と計算しました。このように，かけ算を

1 あたり量 × いくつ分

と書き表すのが，かけわり図を使うときの標準的な考え方です。

では，同じ問題の答えを，

$$4 \times 2 = 8\,(\text{こ})$$

のように計算するのは誤り？　それともこれでよい？――という問題があって，一部で（ときには新聞やネット上で）大議論が行われています。

高校・大学の先生なら，答えは同じなので「4 × 2 でもよい」と考える，と思いますが，「4 × 2 ではよくない」場合もあります。それは

① かけ算の意味を，「1 あたり量 × いくつ分」として，ていねいに説明していて，

② それがわかっていない子に，順序の混乱が現れている。

と見られる場合です。

しかし，「何を 1 あたり量と考えるか」は，実はひと通りとは限りません。その上，中学校で文字式を学ぶと，たとえば“$3x$”のように「既知数 3 を左，未知数 x を右」に書く習慣を教えられ，そこでは「どちらが 1 あたり量か」は無視されます（“x”のほうが 1 あたり量であることも，ありうる)。ですから，せっかくの

「意味を理解するための指導」

が，「こうでなければいけない」という暗記の強制になってはいけませんので，そのあたりは「柔軟性をもって，子どもの考えもよく聞いて，対処しなければならない」と私は思います。

2. 分数のかけ算・わり算

かけ算

分数のかけ算は，意味がわかりにくいかも知れませんが，計算の手順は簡単なので，混乱の恐れはそれほどなさそうです。

$$\text{時速 (m/s)} \times \text{時間 (s)} = \text{距離 (m)}$$

とか

$$1\text{m あたりの重さ }(\text{g/m})\times\text{長さ }(\text{m})=\text{全体の重さ }(\text{g})$$

のように,「整数どうしのかけ算」と自然につながる例も多く,かけわり図もそのまま使えます。

わり算

整数の場合とのつながりが悪いのは,わり算でしょう。分数によるわり算では,「半端(はんぱ)」も答えの分数に繰り入れて,「余りなし」の答えを出してしまいます。その上,何かを

（5等分ではなく）「8分の5」等分する

とか

（3ではなく）「4分の3」が,いくつ含まれるか

とはどういうことでしょうか？　これらについて「量」としてのイメージをもつためには,何かの工夫が必要です。

> [補足]
> 「比」から説明する方法（第7話で扱います),かけわり図を詳しく調べる方法など,いろいろありますが,ここでは立ち入りません。

しかし,「割るほうが正整数 m」なら,ふつうの「m 等分」でよいので,たとえば

$$22\div 7=\frac{22}{7}=3\frac{1}{7},\qquad x\div 5=\frac{x}{5}$$

のようにイメージをもちやすいでしょう（図6)。

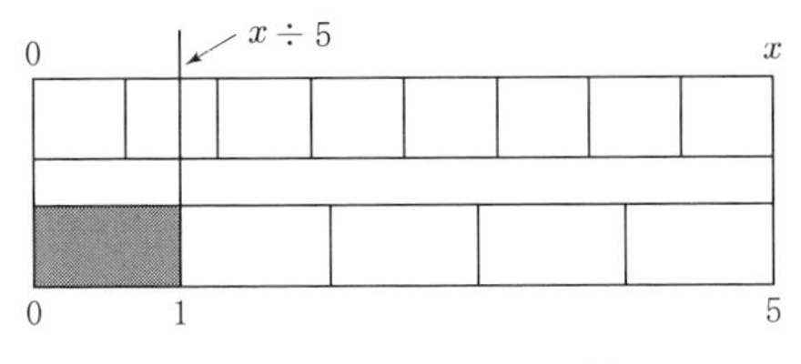

図6　$x\div 5$：長さ x の5等分

そうだとすれば,次のような段階を踏んで,「分数によるわり算」を「整数によ

るわり算」に翻訳できそうです――ここでも「分数の単位」としての単位分数が，役に立ちます。

まず準備として，「整数の場合の，単位つきのわり算」の例を見ておきましょう。たとえば

一歩（単歩）の歩幅が60センチ

だとして，12 km歩くのは何歩になるでしょうか？

$$12\,\mathrm{km} \div 60\,\mathrm{cm}$$

では単位が合わないので，

$$12\,\mathrm{km} \div 0.0006\,\mathrm{km} = 120000 \div 6 = 20000$$

あるいは

$$1200000\,\mathrm{cm} \div 60\,\mathrm{cm} = 20000$$

で正しい答え，「2万歩」が出ます――単位が同じなら，その単位は（kmでもcmでも）わり算の答えから**消していい**のです。

この知識を，分数のわり算に応用してみましょう。たとえば「3分の1」をサンダ，「4分の1」をヨンダ，「12分の1」を「スーダ」（ダースの反対）と呼ぶと，

$$\frac{2}{3} \div \frac{3}{4} = \textbf{2}\,\text{サンダ} \div \textbf{3}\,\text{ヨンダ}$$

では先に進めませんが，通分して共通の単位スーダに直せば

$$\frac{2}{3} \div \frac{3}{4} = \frac{8}{12} \div \frac{9}{12} = \textbf{8}\,\text{スーダ} \div \textbf{9}\,\text{スーダ} = 8 \div 9 = \frac{8}{9}$$

となり，整数のわり算にたどり着きます。

これは非常に一般的な手法なので，もう少し計算例をあげてみましょう。

例1

$$\begin{aligned}\frac{2}{7} \div \frac{8}{5} &= \frac{2 \times 5}{7 \times 5} \div \frac{7 \times 8}{7 \times 5} \\ &= \frac{10}{35} \div \frac{56}{35} = 10 \div 56 = \frac{10}{56} = \frac{5}{28}\end{aligned}$$

例2

$$\begin{aligned}21 \div \frac{4}{3} &= \frac{21}{1} \div \frac{4}{3} = \frac{21 \times 3}{1 \times 3} \div \frac{1 \times 4}{1 \times 3} \\ &= \frac{63}{3} \div \frac{4}{3} = 63 \div 4 = \frac{63}{4}\end{aligned}$$

一般的な記号でやってみると：

$$\frac{a}{b} \div \frac{c}{d} = \frac{a \times d}{b \times d} \div \frac{b \times c}{b \times d} = (a \times d) \div (b \times c) = \frac{a \times d}{b \times c}$$

後の式は

$$\frac{a \times d}{b \times c} = \frac{a}{b} \times \frac{d}{c}$$

と同じです――通分して単位（分母）をそろえ，共通の単位を消せば，いつでもこうなります（$b = 1$ でもよい）。だから，分数のわり算では，

　割る数の分子・分母を入れ替えて掛ければ，いつでも正しい答えが出る

というわけです！

[補足]

もっと直接的に，

　「分数で割る」ときは，割る数の分母・分子を入れ替えて，それを掛ければよい

ことを説明するには，理論的な考察が必要です。小学校で取り入れるのはむずかしいと思いますが，代数学では基本的な考え方なので，手短に紹介しておきます。

(1)　x に掛けて1になる数を，x の**逆数**という。たとえば

2 の逆数は　$\frac{1}{2} = 0.5$,

$\frac{2}{3}$ の逆数は　$\frac{3}{2}$,

$\frac{m}{n}$ の逆数は　$\frac{n}{m}$ である。

(2)　一般に□÷△（＝○とおく）とは，

　“○×△＝□”をみたす○

のことである。たとえば $54 \div 9 = 6$ は，$6 \times 9 = 54$ からわかる。

(3)　○×△＝□の両辺に△の逆数（仮に▽で表す）を掛ければ，

左辺＝○×△×▽＝○×**1**＝○,

右辺＝□×▽

となる。したがって，

$$\square \div \triangle = \bigcirc = \square \times \triangledown$$

(4)　このように「△ で割る」とは，「△ の逆数 ▽ を掛ける」ことと同じである。したがって，

$$\frac{a}{b} \div \frac{m}{n} = \frac{a}{b} \times \frac{n}{m} = \frac{a \times n}{b \times m}$$

● 参考資料

今回のテーマについては，数学教育協議会・小林道正・野崎昭弘編『算数・数学つまずき事典』（日本評論社）にある次の項目が，参考になると思います。

［1］　井手順二「これ何算？　きいてからやる　文章題」，pp.78–81.

［2］　今井陽子「かけわり図　便利な道具だ　使おうよ」，pp.94–97.

［3］　中村太郎「分数は　わり算と思っていたら　かけ算に」，pp.150–152.

［『数学教室』**2013** 年 **7** 月号］

第7話

割合はむずかしい？

1.「割合」はむずかしい？

よく使われる「割合」

新聞でもテレビでも，とてもだいじな割合——パーセンテージ（%）がよく登場します。たとえば，

① 消費税は5%から8%になり，その後10%になった。

② 政府は物価上昇率2%を目標として定めた。

③ アメリカの2012年度第4四半期のGDPの伸び率は，年率換算で −0.1%であった。

このように「割合」が好んで使われるのは，たとえば「ギリシャとアメリカのGDPの変化」を比較したいとき，絶対的な金額では桁違いで，よくわからないからです。体重の増減だって，細身のお嬢さんとお相撲さんとでは，「何kg」増えたか・減ったかでは比較にならないので，「体重の何%」増えたか・減ったかのほうが実質がわかりやすいでしょう。

ほかにも「比率でない，ナマの数値」ではわかりにくいことはあって，たとえば「食料品にかかる消費税」について，軽減税率が適用されていますが，これが提案されたとき，次のような反対意見を述べた学者がいました。

> お金持ちはより高価なものを食べるので，軽減額はお金持ちの方が大きく，貧しい人を優遇することにはならない。事務処理がたいへんで，軽減税率は経済的合理性に著しく反している。

しかし，お金持ちは1000円の消費税だって「あってもなくても，痛くもかゆく

もない」でしょうが,「割り勘のとき,10円単位でもきちんと計算する」年金生活者にとっては,5円,10円の消費税だって「避けようがなく,増える」のは痛いのです。その違いを見るには,「軽減額」ではなく「軽減額の,所得(より正確には,たぶん「可処分所得マイナス住居費」)に対する割合」を調べるなど,何かの工夫が必要でしょう。それに,もし税収減が気になるなら,昔あった「飲食税」や「物品税」など,ぜいたくな消費にかかる税を復活させればいいのです。

ついでですが,最近は「一般庶民の痛み」や「大衆の幸福」など考えない,国家・大企業にとっての「合理性」しか頭にない経済学者が増えてきたようで,恐ろしいことです。

「割合」はむずかしい

しかし,この「割合」が,小学校では多くの生徒に(一部の先生にも)むずかしい,と評判が悪いようです。実は小学生どころか,大学生でもよくわかっていない人が多くて,大学で「コンピュータの応用」を教えている友人から,次のような悩みを聞いたことがあります。

> 必要な資料を与えて,「品目ごとの物価上昇率を計算しなさい」という問題を出したら,ほとんど誰もできない。「物価上昇率」の計算法が「教わらないと,わからない」とは,思わなかった!

「割合」がわかっていないことは,確率の授業にも影響を及ぼします。

> 確率とは,一口でいえば,「起こる割合」のことなのだ

といったところで,「割合」がわかっていない学生さんには,「馬の耳に念仏」なのでした。

何を基準とした割合か?

「割合」とは,何かの基準量に対する割合,詳しくいえば

> ある量 X の,基準量 S に対する比率

のことで,数値としては

$$X \div S$$

で求められます。だから S 自身の,S に対する割合は,$S \div S = 1$ なので,

> 量 X の割合とは,基準となる量 S を1と見たときの,X の大きさ(比率)

ということもできます。

ここで“1”の代わりに“100”を使うのが「パーセント」なので，

$$X \div S \times 100\ (\%)$$

という式で表されます。当然，基準となる量 S が変われば，S に対する「割合（や%）」も変わるので，それが「わかりにくさ」の1つの原因かもしれません。たぶんいろいろな例で計算をして，「慣れる」ことも必要なのでしょう。

注意　X と S は「同じ単位である」ことが基本で，比率（割合）は無名数です。

割合測定器

そういう「わかりにくさ」を解消してくれる，おもしろい道具があります。長さを測るものさしのように「割合」を測れる（目で見られる），「割合測定器」です。これは単純にいえば，

　幅1.5 cm ぐらいのゴムひもに目盛をつけて，「基準の長さ1」を自由に調節できる，伸縮自在のものさし（図1）

ですが，ゴムの長さを決めてからほかのものの長さ（の割合）を測りやすいよう，ゴムひもを好きな状態で固定する仕掛けがついています。

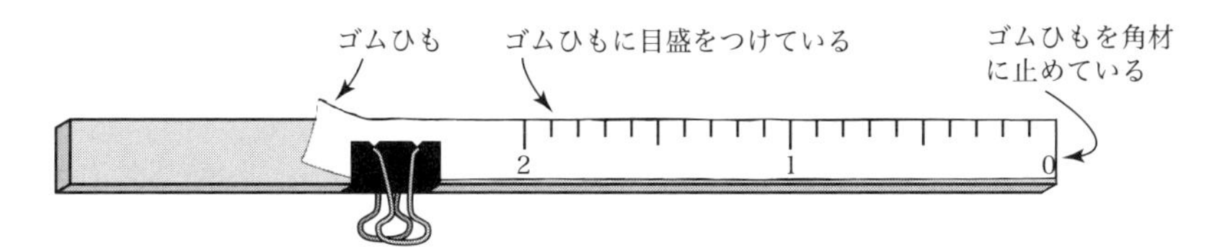

図1　割合測定器

以下，その作り方を簡単に説明しておきましょう。

①　細長い角材（幅1 cm，厚さ0.6～0.7 cm，長さ45 cm ぐらい）を用意する。
②　ゴムひもの一端を，その角材の端に固定する。
③　ゴムひもの他端を，書類を挟む「スティール・クリップ」ではさむ（図1）。

そしてゴムひもを（そのままか，あるいは）適当に伸ばしてから，端のスティール・クリップを角材に止めれば，「ゴムひもものさし」が固定されます。これで，たとえば次のような操作ができます。

〈ステップ1〉　手近なえんぴつの長さが1になるようにゴムひもを調節して，そこでクリップを止める（図2）。

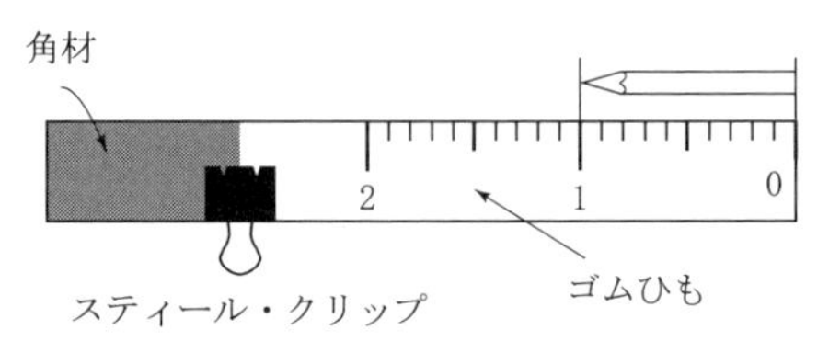

図２　基準の長さ１を決める

〈ステップ２〉　次にその「ゴムひもものさし」によって，ほかのいろいろなものの長さを測る：すると「選んだえんぴつの長さ」を１としたときの，

スティックのりの長さは 0.7，

筆箱の長さは 1.8，

等々のことが，読み取れる（図３）。

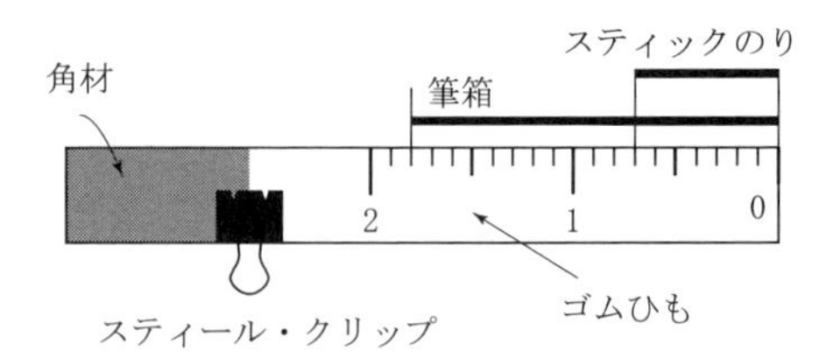

図３　いろいろな長さの「割合」を測る

これは

(1)　基準の長さをまず決めて，他の長さの割合を測る

ことですが，ほかにも次のようなことができます。

(2)　基準の長さ１をまず決めて，割合が 0.4，0.8，1.5，等々になる長さを求める。

(3)　ある長さの割合が 0.4，0.8，1.5，等々になるような，基準の長さを求める。

小学生だと興味をもって測りまくって，割合の感覚を身に着けることができ，

「割合で一番大切なことは，何を１にしたか，です」

板垣賢二さん（福岡県の小学校教師）

ということもわかって，自然に「割合」がこわくなくなる――のではないでしょうか。

余談 昔，大学4年生のゼミに割合測定器を持ち込んで，「割合」の説明をしてみたことがあります。よくできる学生さんたちは興味をもって，いろいろ操作しながら「これはわかりやすい！」といっていましたが，肝心の「割合がわかっていない」学生さんたちは「バカにされた」と思うのか，それとも「どうせ役に立たない」と思うのか，触ってみようともしませんでした。どんなにいい教具にも「レディネス」（学習可能な身体的・知的年齢に達していること）のほかに，すなおにつきあうための「適齢期」があるようですね。

2. 比に基づく乗除算

割合測定器と乗除算

「割合測定器」は，割合（つまりわり算の結果）を目で見る道具ですから，かけ算・わり算への応用も考えられます。それも整数だけでなく，分数・小数のかけ算ができるのです。

実際，ゴムひもの伸縮自在なものさしと，固定の（ふつうの）ものさしを組み合わせれば，次のようにかけ算・わり算ができます。

例1 3×2 を求める：

① 割合測定器を調節して，その1を固定ものさしの3に合わせる（図4）。

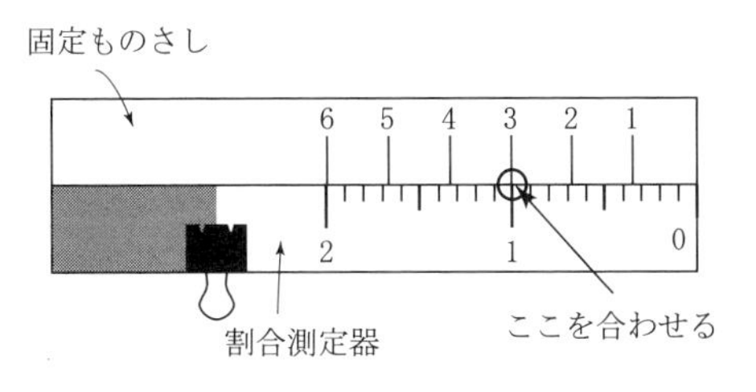

図4 3×2 を求める

② 割合測定器の2の位置にある，固定ものさしの目盛りを読めば，$3 \times 2 = 6$ がわかる。

3×2 に限らず，2.4×2 でも 2.4×1.8 でも，まったく同じ手順で「測定」できます。

例2 $6 \div 2$ を求める：

① 割合測定器を調節して，その2を固定ものさしの6に合わせる（図5）。

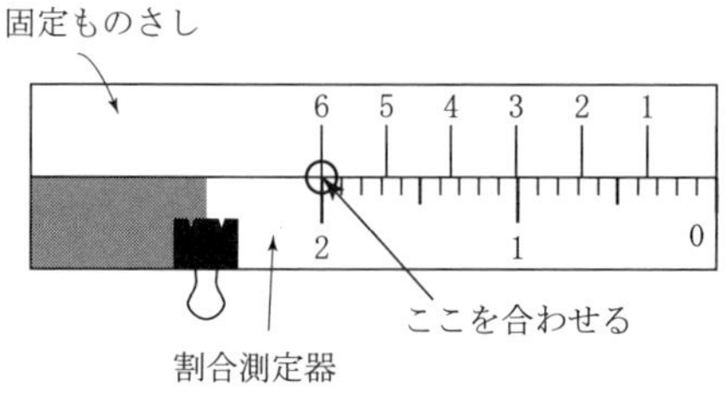

図5　6÷2を求める

②　割合測定器の1の位置にある固定ものさしの目盛りを読めば，6÷2＝3がわかる。

これも3.7÷5，4.8÷2.9など，どんな小数のわり算にも応用できます。

比例に基づく乗除算

もちろん手作りの「測定器」では，それほど正確な測定はできません。また，扱える数の大きさも，ゴムひもの長さと伸び率に制限されて，かなり限られてしまいます。その点は，「ゴムひも」のかわりに「平行線」を使ったギリシャ人の方法のほうが，ずっと広い範囲のかけ算・わり算に応用できます。これはのちにデカルトによって完成された，歴史的に興味深い方法ですので，この機会に要点をご紹介しておきましょう。──以下，「相似形」についての知識を使いますので，慣れておられない方は適当に「拾い読み」をしてください。

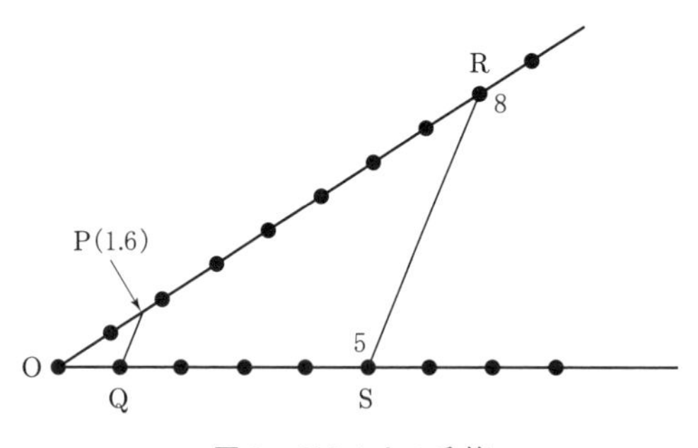

図6　デカルトの乗算

図6を見てください。もし線PQと線RSが平行ならば，三角形ORSとOPQは相似形で，次の比は等しくなります：

$$OR : OS = OP : OQ$$

これは長さの関係としては

$$\frac{\mathrm{OR}}{\mathrm{OS}} = \frac{\mathrm{OP}}{\mathrm{OQ}}$$

あるいは（分母を払って積の形にすれば，「内項の積は外項の積に等しい」という公式どおり）

$$\mathrm{OR} \times \mathrm{OQ} = \mathrm{OP} \times \mathrm{OS}$$

とも書けます。ここで $\mathrm{OQ} = 1$ とすれば

$$\mathrm{OR} = \mathrm{OP} \times \mathrm{OS} \qquad (*)$$

が成り立つわけです――以下，この関係 $(*)$ を，フルに活用します。

デカルトのかけ算

上の関係 $(*)$ から，平行線を使って，かけ算 $x \times y$ が実行できます。

① 上側の直線上に，$\mathrm{OP} = x$ となるように点 P を決める。

② 下側の直線上に，$\mathrm{OQ} = 1$，$\mathrm{OS} = y$ となるように点 Q, S を決める。

③ PQ と平行な線を S から引いて，上側の直線との交点を R とすると，OR の長さは：

$$\mathrm{OR} = \mathrm{OP} \times \mathrm{OS} = x \times y$$

注意　図6では，$x = 1.6$, $y = 5$ の例を示しています。

これがデカルトのかけ算で，「長さ × 長さ」が面積ではなく，長さで表されるところが，ギリシャ時代にはなかった，新しいところです。

[補足]

ギリシャ時代には

「長さ × 長さ」は面積，
「長さ × 面積」は体積

と考えていましたから，4つ以上の長さ（あるいは数）の積は考えることができませんでした。デカルトはその制限をなくしたので，長さの間の複雑な関係をいつでも代数式で表せるようになって，「幾何学の問題を代数で解く」解析幾何学が生まれました。

あとで実数が発明されると，

（ア） どんな「長さ」もある数で表すことができ，

（イ） どんな「数」でもある長さで表せる

ことになり，「座標」の考えが完成したのでした。

わり算

また逆に，

① 先に $\mathrm{OR} = w\ (=8)$，$\mathrm{OS} = y\ (=5)$ を決め，

② SR と平行な線を Q から引いて，OR との交点を P とすれば，

$$\mathrm{OP} = w \div y\ (= 8 \div 5 = 1.6)$$

がわかります。図 6 を見れば，

OP が OR のちょうど $y\ (=5)$ 等分

になっていることも，読み取れるでしょう。

$\mathrm{OS} = 4.5$

であれば，OP は「OR を 4.5 とみなしたときの，1 にあたる長さ」で，これを

OR の 4.5 等分

と考えれば，このわり算も一種の等分除である，と考えることができます。

● **参考資料**

石原清貴『算数少女ミカ　割合なんて，こわくない』日本評論社，2018 年。

［『数学教室』2013 年 8 月号］

第8話

小数，そして循環節，素数

1. 小数の記法

小数の記法は全世界共通，と思われるかもしれませんが，そうでもありません。

(1) 数字は，アラビア語圏では古い形が残っていて，“0”を“•”で表すなど，日本で使っているアラビア数字（算用数字）とはだいぶ違います。

なお,「文字を右から左に書く」アラビア語圏では，数式も（数字を除いて）右から書くので，日本で

$$365 \times 24 = 8760$$

と書くところを，

$$8760 = 24 \times 365$$

という順序で書くのだそうです。

(2) 小数点は，日本・イギリス・アメリカではドット“.”であるが，フランス・ドイツではコンマ“,”を使う。

なお,「3桁ごと（日本では時に4桁ごと）の区切り」は逆になるので，日本でたとえば

$$3.141,592,653,\cdots\cdots$$

と書くところが，フランス・ドイツでは

$$3,141.592.653.\cdots\cdots$$

となります。

2. 小数の活用

小数はものさしやメーターなど，いろいろなところに現れるので，誰でも自然に活用しているでしょう。もちろんふつうのものさしで「ミリ」以下を正確に読み取ることはむずかしいでしょうが，人間の身長だって朝と晩で何 cm か違うので，そんなに正確に読み取る必要はありません。ほかのことでも，世の中には

「これくらいの誤差は，あってもいい」

という，専門用語でいえば許容誤差というものがありますから，その範囲内の誤差であれば，誰も困らないのです。

そのことを利用して，誤差付きの数値を規則で統一してしまうこともあります。たとえば，事務でよく使われる用紙（A 判）のサイズは，

「2 つ折りにしても，タテ・ヨコの比が変わらない」

ようになっています（図 1）。

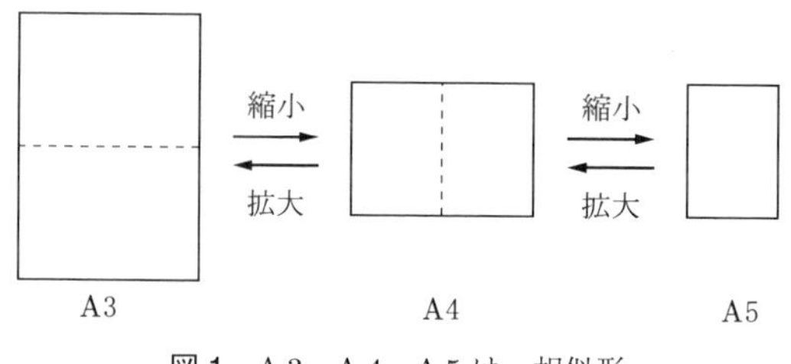

図 1　A 3，A 4，A 5 は，相似形

そのおかげで，A 3 の内容を A 4 にそっくり縮小コピーしたり，A 5 を A 4 にそっくり拡大コピーできるのです。ただし，そのためにはタテ x とヨコ 1 の比は

$$x : 1 = 1 : \frac{x}{2}$$

したがって $x^2 = 2$，$x = \sqrt{2} = 1.414, 213, 56 \cdots\cdots$ でなければなりません。

しかし，$\sqrt{2}$ のように半端な数に合わせるのはむずかしいので，JIS 規格では「1 ミリ以下は端数切り捨て」と決められています（表 I 参照）。

それでは「小数点以下，何桁ぐらいの数値が必要か？」といいますと，それは千差万別で，日常生活での許容誤差と科学・技術の最先端での許容誤差とでは，まるで違います。そこで数学は，どんなに厳しい許容誤差を指定されても「想定外」

にならない，便利な道具「無限小数」（実数）を発明しました。

0.333……でも 3.14159……でも，無限の桁を使い切ることなど誰にもできませんが，実際には許容誤差のおかげで，有限小数で間に合います。しかし理論的には，無限小数（実数）を使えば

「どんな長さでも，ある数で表せる」

ことは大きく，点の位置を「数の組」で表す，現在の「座標」の考えはその上に立っているのです。その座標が，自動車や電車の設計，建築工学・土木工学，航空力学・天体物理学・宇宙物理学などに活用されていることを考えると，

(無限) 小数は現代文明の基礎

であることがわかります。

表 I　A 判のサイズ：単位はミリ (mm)

規格	タテ	ヨコ
A 0	1189	841
A 1	841	594
A 2	594	420
A 3	420	297
A 4	297	210
A 5	210	148

A 0 は面積が（ほぼ）1 平方メートルになるように定められている。以下「2 つ折りが次のサイズ」であるが，正確には「タテの半分（1 ミリ未満切り捨て）がヨコ，ヨコがタテ」という原則で，次のサイズを決めている。

[補足]

長さ $\sqrt{2}$ の線分は簡単に作図できますが，$\sqrt{2}$ という数は分数では表せないので，無限小数を認めないと存在しません。そのためアポロニウスやデカルトが考えた座標系では，点の位置を表すのに「数」ではなく「長さ」を使っていました。

3. 小数の計算

逆数の計算は，とても面倒

たし算・ひき算に比べて，かけ算はめんどうなもので，わり算はさらに手間が

かかります。特に桁数が長いと手計算は疲れるしまちがえやすいので，電卓（やパソコン）を活用したほうが賢明でしょう ── 桁数が2倍になると，計算の手間はたし算・ひき算ではおよそ2倍，かけ算・わり算ではおよそ4倍（以上）になります。

自然数 n の逆数（n 分の1，$1 \div n$）の小数計算もたいへんな場合があります。

$$
\begin{aligned}
&1 \div 2 = 0.5, \\
&1 \div 3 = 0.33333333\cdots\cdots, \\
&1 \div 4 = 0.25, \\
&1 \div 5 = 0.2, \\
&1 \div 6 = 0.16666666\cdots\cdots, \\
&1 \div 7 = 0.142857142857\cdots\cdots, \\
&1 \div 13 = 0.076923076923\cdots\cdots
\end{aligned}
$$

4. 循環節，素数

ラッキー7（セブン）のふしぎ

しかし，「やってみるとおもしろい」ことはあるもので，7の逆数にはふしぎな性質がたくさん隠されています。

(1)　逆数の小数表示には，列“142857”が永久に繰り返される。

このように「繰り返される部分」を**循環節**といいます。この場合の循環節は6桁ですが，3や6の逆数の循環節は1桁で，2や5の逆数は，割り切れてしまうので，循環節はありません。

(2)　どんな数を7で割っても，割り切れない場合には，同じ循環節（を，回転式にずらしたもの）が現れる：

$$
\begin{aligned}
&2 \div 7 = 0.2857\underline{142857}14\cdots\cdots \\
&3 \div 7 = 0.42857\underline{142857}1\cdots\cdots \\
&4 \div 7 = 0.57\underline{142857}1428\cdots\cdots \\
&5 \div 7 = 0.7\underline{142857}14285\cdots\cdots \\
&6 \div 7 = 0.857\underline{142857}142\cdots\cdots \\
&8 \div 7 = 1.\underline{142857}142857\cdots\cdots
\end{aligned}
$$

(3)　逆数 $1 \div 7$ の循環節の，小数点を外して7倍すると，9が並ぶ：

$$142857 \times 7 = 999999$$

(4)　逆数の循環節を2等分して足すと，9が並ぶ：

$$142 + 857 = 999$$

(5)　逆数の循環節を3等分して足すと，9が並ぶ：

$$14 + 28 + 57 = 99$$

似たような数は，あるか？

ここで「へえ，おもしろいな」と思う人と，「だからどうだ，っていうの？」と思う人に分かれるでしょう。それは好みの問題ですから，どちらがよいとも悪いともいえませんが，「おもしろい」派が次の問題を考え，数学を発展させたのはたしかです。

問題　同じような性質をもつ数は，ほかにもあるか？

まず，性質(1)「逆数に循環節が現れる」ことは，割り切れる場合を除いて，どんなわり算についても成り立ちます。そのことは手計算の「わり算」をよく眺めれば，わかります（図2参照）。

```
      0.166 ……
6) 1.000 ……
     6
     40
     36
      40   ← 前と同じ！
      36
      40 ……
```

図2　逆数 $1 \div 6$ の計算

6の逆数について，

①　6で割った余りは，5以下です。どこかで余りが0になれば，それは「割り切れた」ということです。

②　割り切れなければ，いつまでも余りが出続けるのですが，「5以下」と限られているので，いつかは「前と同じ余りが，また現れる」でしょう。

そうなれば，そこから先は，「前と同じ過程が繰り返される」ので，答えの桁数字（各桁ごとの数字）も繰り返されます——**循環節が現れる**わけです！

注意　どこかで「余り1」が出てくれば，それ以後「最初からの過程」が繰り返されるので，小数点以下「最初の桁から循環」します。しかし，上に示した $1 \div 6$ では，そうはなりません。

(2) は飛ばして (3) について，一般的にいうと，

(3)　数□の逆数の循環節を□倍すると，9 が並ぶ。

という性質は，逆数が「最初の桁から循環する」数□について，必ず成り立つ性質です。

例　$1 \div 21 = 0.\underline{\mathbf{047619}}\mathbf{047619047}\cdots\cdots$

$47619 \times 21 = 999999$

ダイヤル数

おもしろいのは性質 (2) です。この 7 のように，何を割っても (割り切れる場合を除いて)「同じ循環節が，回転して現れる」数は，昔の電話機にあった「回転式ダイヤル」から**ダイヤル数**と呼ばれましたが，ダイヤル電話機が消え失せた今は，「回転数」とでも呼べばいいでしょうか（図3）[1]。

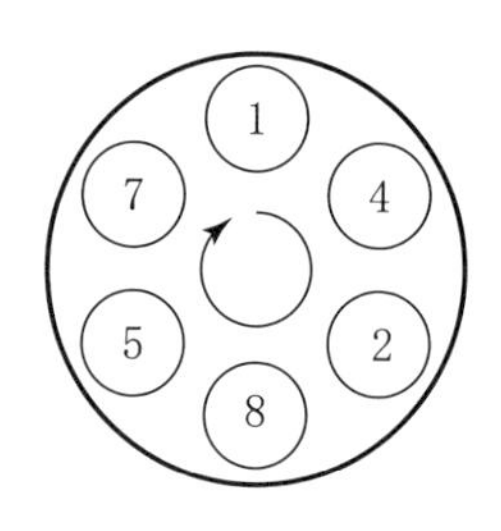

図3　ダイヤル数（回転数？）

素数，登場

7 のようなダイヤル数が「ほかにもある」のは確かで，たとえば 17 がそうです。

例　循環節の最初の 4 桁を下線で示しますが，そのあとも一致していることを確かめてください。

$$1 \div 17 = 0.\underline{0588}\ 2352\ 9411\ 7647\ \cdots\cdots$$

$$2 \div 17 = 0.1176\ 47\underline{05\ 88}23\ 5294\ \cdots\cdots$$

$$3 \div 17 = 0.1764\ 7\underline{058\ 8}235\ 2941\ \cdots\cdots$$

$$\cdots\cdots\cdots$$

$$16 \div 17 = 0.9411\ 7647\ \underline{0588}\ 2352\ \cdots\cdots$$

さらに次の数も，ダイヤル数です：

1)　英語で cyclic number と書かれるので，「巡回数」という訳語もあるようです。

$$19,\ 23,\ 29,\ 47,\ 59,\ 61,\ 97$$

これらの数□は，どれも「より小さな数の積では表せない」，いわゆる**素数**です。しかし，すべての素数がこの性質をもつわけではありません。性質 (2) は，□が素数でしかも「その循環節が，ちょうど（□ − 1）桁」の場合だけ，成り立つのです。たとえば

（ア）　2, 5 は逆数が割り切れてしまうからダメ，

（イ）　13 の逆数の循環節は 6 桁，37 の逆数の循環節は 3 桁なので，どちらもダメです：

$$1 \div 13 = 0.\mathbf{076923}\,076923\cdots\cdots$$
$$2 \div 13 = 0.\mathbf{153846}\,153846\cdots\cdots$$
$$1 \div 37 = 0.\mathbf{027}\,027027\cdots\cdots,$$
$$2 \div 37 = 0.\mathbf{054}\,054054\cdots\cdots$$

（ウ）　21 は，素数でないからダメです：

$$1 \div 21 = 0.\mathbf{047619}\,047\cdots\cdots,$$
$$2 \div 21 = 0.\mathbf{095238}\,095\cdots\cdots$$

[補足]

$p\,(>2)$ が素数で逆数の循環節がちょうど $p-1$ 桁であれば，性質 (2), (4) が必ず成り立ち，さらに $p-1$ が 3 の倍数であれば，性質 (5) も成り立ちます。しかし，$p-1$ が 4 の倍数であっても「循環節を 4 等分したものの和に，9 だけが並ぶ」とは限りません。たとえば 17 の場合：

$$0588 + 2352 + 9411 + 7647 = 19998$$

素数の性質

このような性質は，個別的にはかなり古くから知られていたであろう，と思います。また理論的にも，今から 350 年ほど前，フランスの数学者フェルマー (1607–1665) などはもう研究を始めていて，たとえば次の定理を証明しています。

フェルマーの小定理

pを素数，mをpでは割り切れない整数とすると，m^{p-1}をpで割った余りは必ず1になる。

例

$7^2(=49)\div 3$の余り$=1$　（$p=3,\ m=7$）

$10^{16}\div 17$の余り$=1$　（$p=17,\ m=10$）

ここで「それがどうした，っていうの？」という疑問をもつ人が少なくないでしょう。それに対するフェルマーの答えは，まずまちがいなく

「だって，おもしろいじゃん！」

だろうと思います。

彼は著名な法律家として，食べてゆくにはまったく困らなかったので，趣味として数学を研究し，いろいろな分野で先駆的な仕事をしました。彼の仕事で有名なのは，古代ギリシャの数学者ディオファントスの著書の勉強中に，

nが3以上の自然数であれば，方程式

$$x^n+y^n=z^n$$

をみたす自然数$x,\ y,\ z$は，存在しない

という定理を思いつき，

「私は驚くべき証明法を発見したが，この本の余白は狭すぎて，ここには書けない」

という書き込みを残したことです（カッコいいですね！）。彼の死後，長男がその書き込み（を含む，定理や予想）を公表し，この定理は「フェルマーの大定理」と呼ばれていましたが，100年たっても証明できなかったので，一時は「成り立つかどうか」が危ぶまれ，「フェルマーの予想」とか「フェルマーの問題」と呼ばれたこともあります。しかし結果的には正しかったので，1995年にイギリスの数学者アンドリュー・ワイルズが証明に成功しました。

おもしろいことに，フェルマーが（おそらく）考えもしなかった「実用的なことへの応用」が，20世紀に生まれました。インターネットの時代に重要性が急増

した，「安全な通信」のための暗号理論です。昔は暗号を使うのは，ほとんど（外交や戦争のために）王家・政府・軍と官僚たちだけでした。しかし現代は大勢の一般庶民が，インターネットを通してメールのやりとりや買い物，旅行の計画や予約などをしています。その内容が他人に盗聴されると，まずはプライバシーが侵害され，次いでは勝手に品物を買わされたり銀行預金を引き出されたりするような犯罪にもつながりかねないので，盗聴を防ぐために，暗号技術が広く使われるようになりました。その詳細はここではとても立ち入れませんが，代表的な暗号の1つ「RSA暗号」で，フェルマーの小定理（とそれに関連する理論）が役に立ったのです。

研究者たちが「おもしろいから」と熱中していたことが，このようにあとで実用に結びつくのはそう珍しいことではありません。だから，すぐには応用と結びつかないことに「おもしろいじゃん！」と取り組む人たちを，バカにしてはいけません。「食べてゆく」ことには直接役に立たなくても，「心を豊かにする」のに役立つ芸術家のお仕事に敬意を表するように，純粋数学者の仕事にも敬意を表してもらえるとありがたい……と，まあここは，私の個人的な希望です。

[『数学教室』**2013年9月号**]

第9話

無限との出会い

1. 小学生とわり算

無限との遭遇

昔は小学校でわり算

$$
\begin{array}{r}
0.333\cdots\cdots \\
3\overline{)\,1.000\cdots\cdots} \\
\underline{9} \\
10 \\
\underline{9} \\
10 \\
\underline{9} \\
\cdots\cdots
\end{array}
$$

を習い，

$$\frac{1}{3} = 1 \div 3 = 0.333\,333\,333\cdots\cdots \qquad (1)$$

と教わって，ここではじめて「無限」と出会ったものです。私もそうでした。

今は「手計算のわり算は，小数点以下1桁まで」という制限がついたそうで，記号“$\fallingdotseq$”はまだ教えていないため，

$$\frac{1}{3} = 1 \div 3 = 0.3$$

と書く先生もいるのだそうです。

しかし，あとで「方程式」を習うと，

　　　等式の両辺に同じ数を掛ければ，等式になる

と教えるので，上の等式の両辺を3倍して，

$$1 = 0.9$$

という等式が導かれてしまいます。これはとてもとても困ったことなので，私は「せめて次のように書くようにしたら？」と思うのですが，どうでしょうか？

$$\frac{1}{3} = 0.3\cdots\cdots, \qquad 1 = 0.9\cdots\cdots$$

わり算の実験

わり算は，「小数点以下は１桁まで」などとケチなことをいわないで，いくらでもやらせてみるとよいのでは，と私は思います。

たとえば，板垣賢二さんに「ワンランク上のスーパーわり算」という実践があります。ご本人が描いたイラストを載せておきましょう。

このわり算の小数版も，子どもたちに「すげー，でもおもしろそう」といってもらえそうです：

> **問題**　次のわり算を，小数点以下 10 桁まで求めなさい。
>
> $$1.759,980,537,2 \div 6$$
>
> ヒント：最後の余りの数字は，2 です。

また，次のような計算も「やってみて，おもしろいことに気がつく」子がいるのではないでしょうか。

$$1 \div 7 = 0.\underline{142857}14285 \cdots\cdots$$
$$2 \div 7 = 0.\underline{285714}28571 \cdots\cdots$$
$$3 \div 7 = 0.\underline{428571}42857 \cdots\cdots$$
$$4 \div 7 = 0.\underline{571428}57142 \cdots\cdots$$
$$5 \div 7 = 0.\underline{714285}71428 \cdots\cdots$$
$$6 \div 7 = 0.\underline{857142}85714 \cdots\cdots$$

（ア）　どれも循環小数になる

というのもひとつの発見ですが，さらに

（イ）　どの循環部分（下線で示す：**循環節**）も，（回転式に）ずらせば同じになる

ことに気がつく子もいるでしょう。（第 8 話参照）

（ア）はすべての分数，あるいは「整数 $m \div$ 整数 n $(n \neq 0)$」について成り立つことですが，数学好きの高校生なら，そのことを自力で証明することもできるでしょう。

また，（イ）は「とてもめずらしいこと」ですが，

ほかに同じような性質をもつ数はあるか？

を実験的に確かめることなら，小学生にもできます。ちょっとやってみると：

$$1 \div 11 = 0.\underline{09}090\cdots\cdots$$
$$2 \div 11 = 0.\underline{18}18\cdots\cdots$$
$$1 \div 13 = 0.\underline{076923}076\cdots\cdots$$
$$2 \div 13 = 0.\underline{153846}153\cdots\cdots$$

なので，11 も 13 でも（イ）は成り立ちませんが，

$$1 \div 17 = 0.\underline{0588235294117647}05882352\cdots\cdots$$
$$2 \div 17 = 0.\underline{1176470588235294}11764705\cdots\cdots$$
$$3 \div 17 = 0.\underline{1764705882352941}17647058\cdots\cdots$$
$$4 \div 17 = 0.\underline{2352941176470588}23529411\cdots\cdots$$
$$5 \div 17 = 0.\underline{2941176470588235}29411764\cdots\cdots$$
$$\cdots\cdots\cdots$$

については，（イ）が成り立つのです！

[補足]

性質（イ）をもつ数は「**ダイヤル数**」と呼ばれますが，これについては第8話に解説があります。100 以下のダイヤル数は，次の9個です：

7, 17, 19, 23, 29, 47, 59, 61, 97

どれも素数で，素数でなければダイヤル数になりません。

2. 無限小数とは何か

では，昔の子どもたちは，等式 (1) をちゃんと理解していたのでしょうか？「そういうものだ」と教わって，素直に受け入れてはいても，説明抜きですから，もちろん「正しい理解」はできなかったでしょう。だから，(1) の両辺を3倍した等式

$$1 = 0.999\,999\,999\cdots\cdots \qquad (2)$$

を見せると，ほとんど全員が「おかしい！」と反発します。これは正しい等式なのですが，大学生に尋ねてみても，(1) を認める人でも，(2) はナットクできない人が大多数なのです。

理由は簡単明瞭で，

9 をいくら続けても，わずかな差が残る

ということでしょう。実際，1 との差は

$$1-0.9=0.1,$$
$$1-0.99=0.01,$$
$$1-0.999=0.001,$$
$$\cdots\cdots\cdots$$

となりますから，

いくら（無限に）続けても，右辺の最後の 1 は，どうしても残る

と思うのは，無理もないことです。

原因は，“0.999……” のような「無限小数」が

何を表しているかを，誰もきちんと教わっていない

ことで，これを

9 を次々と並べる，永遠に完成しない作業

と思う人が多いのも，当然のことです。この感覚は無限小数 0.333 333 …… の場合には，最初に書いた

1 を 3 で割って，桁数字を次々と求めてゆく

手計算の体験にも関係がある，かもしれません。

数学科の学生さんでも，たとえば

$$\sqrt{2}=1.414\,213\,562\,373\,095\cdots\cdots$$

のように「循環しない無限小数」は，

ふらふら揺れ動く，ダイナミックな数

と思っている人がいるそうですから，こういう「無限小数」を

永久に完成しない，数表示の途中経過

のように思うのも，当然のことです。

数学の応用と，座標の考え

話は飛ぶようですが，数学が物理学・工学などの応用と結びつく多くの場合に，

「点の位置を数で表す」座標

の考えが役に立っています。土木・建築から電車・自動車，リニアモーター・カー，さらには宇宙ロケットまでの，設計・製作・運用にあたって，具体的なものの「位置」や「形」と数とを結びつける「座標」の考えが役に立つのです。座標こそ，数学と応用——物理学・工学を結ぶ，太いパイプなのです。

長さ $\sqrt{2}$ の直線

ところで，平面上で「長さ1」を決めれば，「長さが $\sqrt{2}$」の直線も存在し，実際に作図することもできます——たとえば1辺の長さが1の正方形の斜辺の長さは

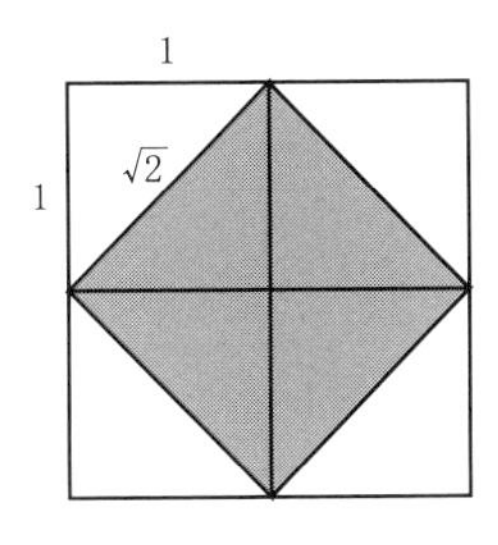

図1 正方形と対角線

1辺の長さが1の正方形とその対角線を図のように4つずつ描くと，ピタゴラスの定理から，対角線の長さはどれも $\sqrt{2}$ になる。4個の三角形からできる正方形（1辺が $\sqrt{2}$）の面積は2で，それは内側の三角形の面積がどれも「面積1の正方形の半分」であることからわかる。

$\sqrt{2}$ なので，そのことを図1のような，「1辺の長さが1」の4つの正方形と4本の対角線にあてはめると，どの対角線の長さも，ピタゴラスの定理によって，$\sqrt{2}$ です。また，長さ1を決めれば，長さ $\sqrt{2}$ だけでなく，

$$長さ\quad \sqrt{3},\quad \sqrt{4},\quad \sqrt{5},\quad \sqrt{6},\quad \cdots\cdots$$

もすべて確定した長さで，定規とコンパスだけで作図できます（図2参照）。

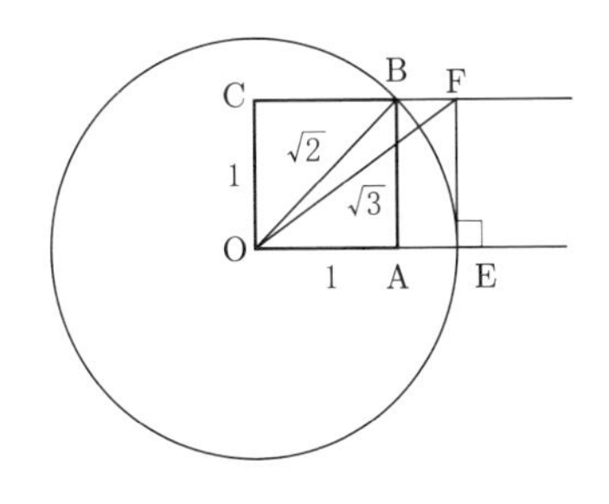

OABCは1辺の長さが1の正方形で，
OB=OE= $\sqrt{2}$,
さらにEF＝1ならOF= $\sqrt{3}$ になる。

図2 長さ $\sqrt{3}$ の作図

直線の連続性・実数の連続性

昔から，直線上には点が「スキマなく，並んでいる」と考えられています。ですから，図3のように，「平行でない2直線」があればそれらは必ず「1点で交わる」ので，「そこだけどちらかにスキマがあって（点がなく），すりぬけてしまう」**ようなことはけっしてない**のです。これを「**直線の連続性**」といいます。

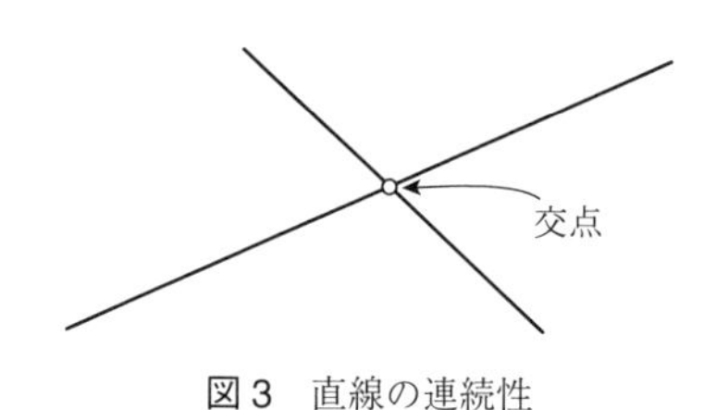

図3　直線の連続性

直線の連続性は，その位置を表現する座標（数）の「連続性」にも，もちろん反映されなければなりません。直線上の各点に，実数（座標）を割り当てた，いわゆる**数直線**にスキマがあっては，座標の考えにもスキマができ，不完全なものになってしまうからです。ところが，数を有限小数，あるいは分数（有理数）だけに限ると，「座標が $\sqrt{2}$」のような「確定した，作図もできる点」の座標が抜けてしまって，表せなくなります。そこを埋めるには，たとえば $\sqrt{2}$ も「ふらふら揺れ動く」というような理解**ではなく**，「はっきりした，確定した数」と考えないといけません。

しかし，「桁数字（各桁ごとの数字）が無限個全部，求められていない**無限小数**」を，どうすれば「確定した数」と考えることができるのでしょうか。それには，小数点以下第 k 桁めの桁数字を x_k として，

「すべての桁数字 $\boldsymbol{x_k}$ を定める，論理的に明確な規則」があれば，確定する

と考えればよいのです。

たとえば，$0.333\,333\cdots$ なら，

$$\text{すべての}\ k \geqq 1\ \text{に対して，}\quad x_k = 3$$

という規則で十分でしょう。これなら実際に計算するまでもなく，「すべての桁数字が確定している」といってもかまいません。$0.999\,999\cdots$ も同様で，

$$\text{すべての}\ k \geqq 1\ \text{に対して，}\quad x_k = 9$$

と決めればよいのです。また，循環小数

$$\frac{1}{7} = 0.14285714285714\cdots\cdots$$

の桁数字 x_k も，次のようにすればすべてを明確に規定できます。

k を6で割ったときの余りを d とすると，

$d = 1$ のとき　$x_k = 1$
$d = 2$ のとき　$x_k = 4$
$d = 3$ のとき　$x_k = 2$
$d = 4$ のとき　$x_k = 8$
$d = 5$ のとき　$x_k = 5$
$d = 0$ のとき　$x_k = 7$

$\sqrt{2}$ の場合

相手が無理数，たとえば

$$\sqrt{2} = 1.414\,213\,562\,373\,095\cdots\cdots$$

になると，桁数字の規定はそう簡単にはできません。しかし，方法はあります。

① 整数部分 x_0 の値を，次のように決める：

$x_0^2 \leqq 2$ をみたす，最大の整数値

明らかに $1^2 \leqq 2 < 2^2$ なので，$x_0 = 1$ です。

② x_0 から x_{k-1} までは決まったとき，x_k の値を，次のように定める：

0以上9以下の整数のうち，

$$(x_0.x_1\,x_2\,x_3\,\cdots\cdots x_{k-1}\,x_k)^2 \leqq 2$$

であるような最大の整数値を，x_k と定める。

これで桁数字 $1, 4, 1, 4, 2, \cdots\cdots$ が順に決まっていきます。計算してみないと「x_k がいくつか」はわかりませんが，

計算しなくても，何かしら決まっている

と考えるのは，ごく自然なことでしょう。

論理的な不都合がなければ，すべてが時間0で確定する

と考えてよいのです。

[補足]
$\sqrt{2}$を求める上の方針を一般化して，「手の運動」としてわかりやすくまとめれば「平方根の，手計算での求め方」になり，江戸時代の教科書にも記載されていますし，私も昔習ったような気がするのですが，今は教えているのでしょうか？

無限小数の値（再論）

無限小数の値が「確定している」とすれば，その値を求めることについても，新しい展望が開けてきます。先ほどの

$$0.999\,999\,999\cdots\cdots=1$$

の問題についても，次のような，いくらかわかりやすい補足説明ができるでしょう。

（ア） ひき算してみる：

$$\begin{array}{rl} 1 & \\ -\ 0.999999\cdots\cdots & （無限に続く） \\ \hline 0.000000\cdots\cdots & （無限に続く） \end{array}$$

引いた結果には「無限に0が続く」ので，「最後の1」など永久に現れないので，答えは0です！

（イ） $x=0.999999\cdots$ とおくと

$$10x=9.999999\cdots\cdots$$

そこで下の$10x$から上のxを引くと，答えは

$$9x=9 \quad （右辺の小数点以下は消える）$$

したがって，$x=1$，つまり

$$0.999\,999\,999\cdots\cdots=1$$

です！　ここから当然，両辺を3で割った

$$0.333\,333\,333\cdots\cdots=\frac{1}{3}$$

も導かれます。

このように考えれば，円周率πも無理数$\sqrt{2}$も，

「無限の桁数字」が，人間が知っているかどうかとは無関係に，すべて決まっている

ことになります。慣れないと不自然のように思われるかもしれませんが，これはとても役に立つので，現代の数学ではそれが主流です。

[補足]

進んだ数学では，ある実数の「正確な値」を，「十進桁数字」を決める代わりに，直接その値を「無限数列の **極限値**」という概念を通して決めることがよくあります（それでも結果的・間接的に，無限小数のすべての桁数字が確定します）。

また，「極限値」の考え方から無限小数を見直すと，はっきりすることもあります。たとえば，無限小数

$$0.999\,999\,999\cdots\cdots$$

の値とは，有限小数の無限列

$$0.9,\quad 0.99,\quad 0.999,\quad \cdots\cdots$$

が「どんどん近づいてゆく，**その先の値（極限値）**」のことだ，と定義するのです。そうすれば，誰でも認める

$0.999\cdots9$ と 1 との差は，いくらでも小さくなる

ことから，

無限小数 $0.999\cdots$ の値は，1 である

と判断できます。これなら「1に等しいなんて，おかしい！」と反発する人もいなくなると思いますが，ただ「小学生にはとても教えられない」ことは，致命的な欠点といえるでしょう。

[『数学教室』**2016** 年 **7** 月号]

第10話

整数は奥が深い

整数とは，「半端(はんぱ)のない数(whole number)」のことです。マイナスの数も含みますから，

$$0,\ \pm1,\ \pm2,\ \pm3,\ \pm4,\ \pm5,\ \cdots\cdots$$

はみな整数です。これらについて，たし算・ひき算のようなごく初歩的なことが，ずーっと奥深いところにつながっていて，最後は「何の役に立つのかピンとこない，サイン・コサイン」どころか，「複素数を使うと，きれいに解ける」問題まであるのです。

ここではその長い道筋の，ごく一部分を辿ってみたいのですが，最後はむずかしすぎないように「香りをほんの少し，味わう」だけになることは，ご容赦ください。

1. 整数の計算

たし算・かけ算

おもしろいのは「2桁と1桁のたし算・かけ算」ができれば，実は「何桁のたし算・かけ算もできる」ことでしょう。大昔，長男がまだ小さかったときに，

$$1+1=2,\quad 2+2=4,\quad 4+4=8,\quad 8+8=16,\quad \cdots\cdots$$

の計算をやらせてみたら，おもしろがって，ずいぶん先のほうまで求めていました。

わり算でも，「2桁÷1桁」を10題やるよりも，「10桁÷1桁」を1題やったほうが，やりがいがあり，生徒はおもしろがるのではないでしょうか？　第9話で紹介した板垣賢二さんの「ワンランク上のスーパーわり算」が，そのよい例です。

奇数・偶数

かけ算を習うと，自然に「2の倍数であるか・ないか」で，すべての整数を「偶数」と「奇数」に分けられることがわかります。わり算を使えば，「2で割り切れるのが偶数，割り切れない（1余る）のが奇数」ともいえます。なお，0は偶数（2の0倍，2で割れば商が0で余りも0）です。-2, -4, -6, ……は偶数，-1, -3, -5, ……は奇数ですから，「奇数か偶数かには，符号は関係ない」ことがわかります（図1）。

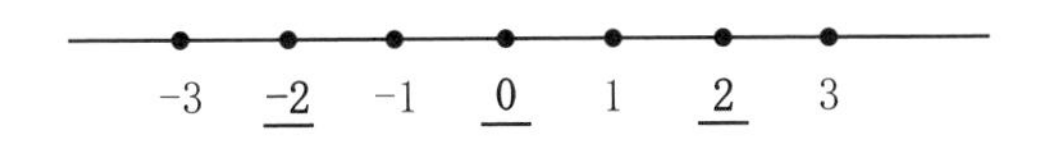

図1　数直線上の整数
下線つきの太字が偶数，その他が奇数である

平方数・立方数

$2\times2=4$ とか $3\times3=9$ のように，同じ数を2つ掛け合わせた数は，正方形の面積に関係するので，「**平方数**」と呼びます（図2）。

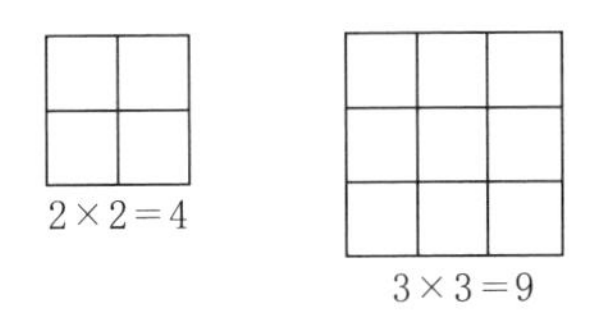

図2　平方数：1辺の長さが自然数で表される正方形の，面積

また，$2\times2\times2=8$ とか $3\times3\times3=27$ のように，同じ数を3つ掛け合わせた数は，立方体の体積を表すので，「**立方数**」と呼びます（図3）。

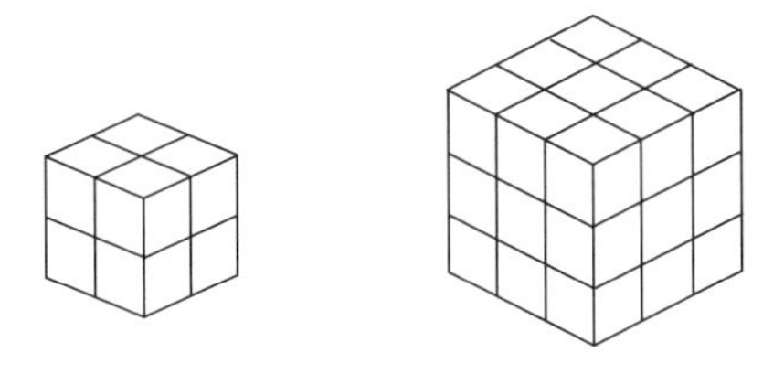

図3　立方体：ふつうのさいころのように，3辺の長さが同じ直方体

平方数・立方数については，大昔から次のことが知られていました。

(1)　1から始まる連続する奇数の和は，平方数になる（図4参照）：

$$1 = 1 \times 1 = 1^2,$$
$$1 + 3 = 4 = 2 \times 2 = 2^2,$$
$$1 + 3 + 5 = 9 = 3 \times 3 = 3^2,$$
$$\cdots\cdots$$

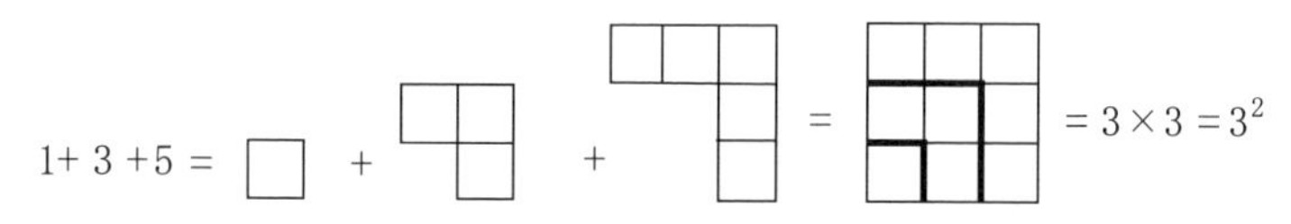

図 4　連続する奇数の和は平方数

(2)　1 から始まる連続する立方数の和は，それら連続する数の和の平方数になる：

$$1^3 = 1 \times 1 \times 1 = 1 \times 1 = 1^2,$$
$$1^3 + 2^3 = 1 + 8 = 9 = 3 \times 3 = (1 + 2)^2,$$
$$1^3 + 2^3 + 3^3 = 1 + 8 + 27 = 36 = 6 \times 6 = (1 + 2 + 3)^2$$

これらの事実の「一般的な証明」は高校レベルですが，図による直観的な説明なら，小学生でもナットクできるかもしれません（図 4, 図 5 参照)。

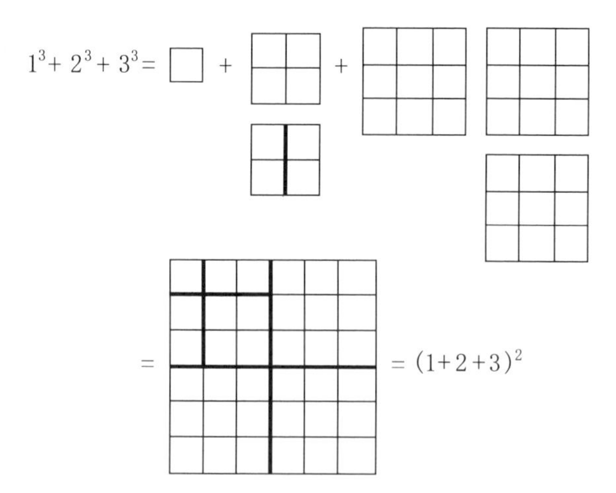

図 5　連続する立方数の和は平方数

1, 2, 3 の 3 乗の和は，$(1 + 2 + 3)$ の 2 乗に等しい。ヒント：辺の長さが偶数の正方形は，1 つだけ 2 等分して，上手に並べるとよい。

なお，次の事実は具体例について確かめるのは小学生でもできますが，(1), (2) に対する図4，図5のようなうまい証明は，知られていません。

(3) どんな自然数も，4個以下の平方数の和で表せる —— ためしに少し計算してみますと：

例

$$
\begin{aligned}
&1 = 1^2, \quad 2 = 1^2 + 1^2, \quad 3 = 1^2 + 1^2 + 1^2, \quad 4 = 2^2, \\
&5 = 2^2 + 1^2, \quad 6 = 2^2 + 1^2 + 1^2, \quad 7 = 2^2 + 1^2 + 1^2 + 1^2 \\
&8 = 2^2 + 2^2, \quad 9 = 3^2, \quad 10 = 3^2 + 1^2, \\
&11 = 3^2 + 1^2 + 1^2, \quad 12 = 2^2 + 2^2 + 2^2, \quad 13 = 3^2 + 2^2, \\
&14 = 3^2 + 2^2 + 1^2, \quad 15 = 3^2 + 2^2 + 1^2 + 1^2, \quad 16 = 4^2, \\
&17 = 4^2 + 1^2, \quad 18 = 3^2 + 3^2, \quad 19 = 3^2 + 3^2 + 1^2, \\
&20 = 4^2 + 2^2, \quad 21 = 4^2 + 2^2 + 1^2, \quad 22 = 3^2 + 3^2 + 2^2, \\
&23 = 3^2 + 3^2 + 2^2 + 1^2, \quad 24 = 4^2 + 2^2 + 2^2
\end{aligned}
$$

この先もがんばって，調べてみてください。

2. 整数の理論

このへんで「計算」を離れて，「理論」に近づいてゆきましょう。

約数・倍数

かけ算・わり算から，約数・倍数という，理論的に大事な概念が導かれます。これらは公約数・公倍数，最大公約数・最小公倍数，また素数の概念などにも，すぐにつながってゆきます。

特に素数と最大公約数にはおもしろい話題が多いので，少し述べておきましょう。

素数・合成数

$6 = 2 \times 3$, $15 = 3 \times 5$ のように，「自分より小さい数の積で表される」数のことを，**合成数**といいます。また 2, 3, 5, 7, 11, …… のように，「1より大きい，合成数でない数」のことを**素数**といいます。1は素数でも合成数でもない特別の数で，**単数**と呼ばれます。

素数については，次の定理がとても大事です。

定理（素因数分解の一意可能性）

2以上のどんな自然数も，素数の積として表すことができる。しかも，その表し方は，かけ算の順序は別として，「何を何回掛けるか」についていえば「ただ一通り」である。

例　$2 = 2$（1個の“積”とみなす），
$6 = 2 \times 3$,
$252 = 2 \times 2 \times 3 \times 3 \times 7 = 2^2 \times 3^2 \times 7$

もちろん $252 = 7 \times 2 \times 3 \times 2 \times 3$ など，かけ算の順序は自由に変えられますが，「小さい順に並べる」と決めればただ一通りに決まります。なお，1を素数に含めると，同じ252が

$$1 \times 2^2 \times 3^2 \times 7 = 1^2 \times 2^2 \times 3^2 \times 7 = 1^3 \times \cdots\cdots$$

と何通りにも表せてしまうので，上の定理が成り立つように，1を「素数」から除いておくのです。

「どんな素数があるか」は，たとえば「100以下」と範囲を決めれば，その範囲の「素数のリスト」を機械的な作業で作ることができます。それには「**エラトステネスの篩**（ふるい）」と呼ばれる，古代ギリシャですでに知られていた方法があります。

余談　篩（ふるい）は，たとえば「穀物を網目にかけて，細かい砂や泥を落とす」道具で，そこから「篩にかける」＝「よいものを選びだす」という言い方が生まれました。篩は，私が子どもの頃はどこの家庭にもあったのですが，今はあまり見ないので，知らない子も多いでしょう。実物を見せるか，「エラトステネスの**網目**」と呼んだほうがいいかもしれません。

この方法の基本方針は，以下の通りです。

① 1から100までのリストを作り，1は素数でないから，最初に消す。

② 残りの先頭2を○で囲み，それよりあとの2の倍数をすべて消す。

③ 残った数のうち，○で囲まれてない先頭の数を○で囲み，それよりあとの「今○で囲んだ数」の倍数をすべて消す。

この③を繰り返せば，やがて合成数はすべて消され，○のついた数（素数）だ

けが残ります。

なお，③は，次のようにしたほうが速くできます：新しく○で囲んだ数を p とします。

③′　p の p 倍を消し，そのあとは（消された数も数えて）$2p$ 番目ごとの数を消す。

たとえば $p = 7$ の場合は，まず $7 \times 7 = 49$ を消し，そのあと 49 から「14 番目ごと」に数を消してゆけばいいのです。

なお，p の p 倍が最大の数（今の例では 100）を越えたら，作業を終わってかまいません。そのとき残っている数は，すべて素数です！

こうすれば，100 までなら $p = 7$ の場合を片付けたところで（$11^2 > 100$ なので）作業は終了です。

次にその結果をまとめておきましょう。

小学生に挑戦：全部，見つけられるかな？

2，3，5，7，11，13，17，19，23，29，31，37，41，
43，47，53，59，61，67，71，73，79，83，89，97

（25 個あります）

注意　$91 = 7 \times 13$ は合成数です！

公約数・最大公約数

12 の約数は

1，2，3，4，6，12

の 6 個で，54 の約数は

1，2，3，6，9，18，27，54

の 8 個です。これらに共通する約数 1, 3, 6 をこれらの**公約数**といい，その中で最大の 6 を**最大公約数**といいます。

最大公約数は，このような「約数の表」を作らなくても，「公約数を見つけて，両方を割ってみる」ことを繰り返せばわかります。たとえば「42 と 54 の最大公約数」を求めてみましょう。

① 42 と 54 を，1 より大きい公約数で割ってみる。たとえば「どちらも 2 で割り切れる」から 2 で割ると，答えは 21 と 27 になる。

② 21 と 27 を，1 より大きい公約数で割ってみる：

3 で割ると，7 と 9 になる。

7 と 9 では「1 より大きい公約数はない」ので，わり算はそこで終わり，割った数 2 と 3 の積を求めれば，それが最大公約数です：$2 \times 3 = 6$

$$\begin{array}{r|rr} 2 & 42 & 54 \\ \hline 3 & 21 & 27 \\ \hline & 7 & 9 \end{array}$$

答え：2×3＝6

図 6　最大公約数を求める

この手順は，よく図 6 のように描かれます。わかりやすい方法ですが，何か公約数を見つけないと，行き詰まってしまいます。ですから，たとえば

1517 と 1073 の最大公約数は？

と聞かれると，この方法で求めるのは（コンピュータを使わないと）ちょっと苦しいでしょう。

しかし，この程度なら手計算もできる，すばらしい方法があります。第 4 話の［補足］でも紹介している「ユークリッドの互助法」ですが，次の事実を利用します。

> m を $n(\neq 0)$ で割った余りを d とすると，
> ① m と n の最大公約数 $=$ n と d の最大公約数
> ② $d = 0$ ならば，m と n の最大公約数 $= n$

例 1　　$54 \div 42 = 1 \cdots\cdots$ 余り 12

ですから，54 と 42 の最大公約数は，42 と 12 の最大公約数に等しいのです。これで「相手が少し小さくなった」ので，同じ手を繰り返します：

$42 \div 12 = 3 \cdots\cdots$ 余り 6

$12 \div 6 = 2 \cdots\cdots$ 余り 0

もちろん「12 と 6 の最大公約数は 6」ですから，

$$54 \text{ と } 42 \text{ の最大公約数} = 42 \text{ と } 12 \text{ の最大公約数} = 12 \text{ と } 6 \text{ の最大公約数} = 6$$

というわけです。

例 2　1517 と 1073 の最大公約数：

$$\begin{aligned} 1517 \div 1073 &= 1 \cdots\cdots \text{余り } \mathbf{444} \\ 1073 \div \mathbf{444} &= 2 \cdots\cdots \text{余り } \mathbf{185} \\ 444 \div \mathbf{185} &= 2 \cdots\cdots \text{余り } \mathbf{74} \\ 185 \div \mathbf{74} &= 2 \cdots\cdots \text{余り } \mathbf{37} \\ 74 \div \mathbf{37} &= 2 \cdots\cdots \text{余り } \mathbf{0} \end{aligned}$$

したがって，求める最大公約数は 37。

例 3　1517 と 1271 の最大公約数：上と同様にして 3 回のわり算で，最大公約数 41 が得られます。

> **応用**　1073×1271 は，1517 で割り切れるという。
> $1517 = \square \times \triangle$ で，$\square$ は 1073 の約数，$\triangle$ は 1271 の約数となるような，$\square$ と $\triangle$ を求めなさい。

[解法]　$\square$ は 1517 と 1073 の公約数，$\triangle$ は 1517 と 1271 の公約数である。そこで関係しそうな最大公約数を求めてみると，1517 と 1073 の最大公約数は 37 で，1517 と 1271 の最大公約数は 41 である。$37 \times 41 = 1517$ なので，$\square = 37$，$\triangle = 41$ でよい。

注意　この場合は，1271 と 1073 の最大公約数が 1 なので，簡単に答えが出ました。それ以外の場合には，少し工夫が必要です。

2 つの平方数の和

最後に，正整数（自然数）が「2 つの平方数（> 0）の和で表せる」のは，どんな場合か調べてみましょう。たとえば：

$$2 = 1^2 + 1^2, \qquad 5 = 1^2 + 2^2, \qquad 8 = 2^2 + 2^2,$$
$$10 = 1^2 + 3^2, \qquad 13 = 2^2 + 3^2, \qquad 17 = 4^2 + 1^2,$$

$$18 = 3^2 + 3^2, \qquad 20 = 4^2 + 2^2, \qquad 25 = 3^2 + 4^2.$$
$$26 = 5^2 + 1^2, \qquad 29 = 5^2 + 2^2, \qquad 32 = 4^2 + 4^2,$$
$$34 = 5^2 + 3^2, \qquad 37 = 6^2 + 1^2, \qquad 41 = 5^2 + 4^2,$$
$$\cdots\cdots \qquad \cdots\cdots \qquad \cdots\cdots$$

問　100 までに，いくつあるかな？

もちろん "平方数 $+1\,(=1^2)$" とか "平方根の 2 倍" はすべて含まれますが，おもしろいのは 5, 13, 17, 29, $\cdots\cdots$ など，

4 で割ると 1 余る，素数

がすべて含まれていることです。

これが「もっと大きな素数についても，例外なく成り立つ」ことは，3〜4 世紀に活躍したディオファントスが気づいていましたが，そのことの証明はとてもむずかしく，17 世紀にやっとフェルマーが成功しました。さらに 100 年以上もあとに，ドイツの大数学者ガウスが，複素数を利用したエレガントな証明に成功したのですが，その「おもしろいところ」はややむずかしくなるので，割愛したいと思います。

[『数学教室』**2015 年 2 月号**]

第11話

少々無理な常識，まちがった常識

1．試験問題の理想と現実

理想

アメリカのマイクロソフト社の入社試験問題には，おもしろいものがたくさんあります。インターネットで検索できますが，創立者のビル・ゲイツ氏の方針でしょうから，「ビル・ゲイツの問題」とも呼ばれ，たとえば次のような問題が有名です。

問1　世界中に，ピアノの調律師は何人ぐらいいるか？
問2　富士山を動かすには，どれくらいの日数がかかるか？
問3　ビル・ゲイツの浴槽を設計するとしたら，どうするか？

どれも知識を尋ねている問題ではなく，よく考えて「なるべく説得力のある答え」を組み立てさせるのがねらい，とされています。その点，富士山の高さを知らない一般のアメリカ人にとって，問1より問2のほうが「その人の思考能力を見る，おもしろい問題」といえます。なお，ほかにも，かなりむずかしい「数学の問題」(問題の意味は，誰にでもわかる）が出たこともあります。ともかく「知識の量と正確さを問う」とか「計算の速さ，答えの正確さを競う」のではなく，

「考える力」を測ろうとしている

ことに注目すべきでしょう。

日本の入社試験でも，同じような趣旨で，一時は「ツルカメ算」や「流水算」のような，いわゆる算術の問題がはやったことがあるそうです。大昔には小学校・

中学校でよく取り上げられた問題でしたが，今は学習指導要領から外れ，一部の「中学校入試」でしか取り上げられていないので，「考えて解くほかないから，考える力を測るのによかろう」という理由であった，と聞きました。しかし，小学生にもわかる特殊解法を「習っていない」といっても，文字式を使えばすぐ解けてしまうので，ビル・ゲイツの問題に比べるとレベルが低くて，「ほんとうの思考能力」が測れるかどうかは疑問だと思います。

現実

ビル・ゲイツの問題のように「考える力を測ろうとする」のは，大学入試でも配慮されてよいことです――それが難しいのは，少子化のあおりで受験生を増やしたい多くの大学が「定型的な問題を出さないと受験生に嫌われて，受験者数が減ってしまう」のを恐れるからです。

しかし，せめてトップクラスの大学は，しっかり努力・工夫をして，よい問題を出してほしいものです。

2. 何でも「暗記する（させる）」のが常識？

日本の入社試験で「算術の問題」がとりあげられると，すぐに対策本が出始めました。たとえば「ツルカメ算」であれば，次のように解けばよい，というのです（こういう特殊解法は，昔から知られていました）。

> **例題 1**　ツルとカメが合わせて 12 ひき，足の数は合計 30 本であったという。ツル，カメのそれぞれの数を求めなさい。

［解答］ 足の数 30 から頭数 12 の 2 倍を引き，2 で割ればカメの数になる――カメは 3 ひきである。だからツルは $12 - 3 = 9$ ひき（羽）。

検算：　$(2 \times 9) + (4 \times 3) = 18 + 12 = 30$

このような解法の「暗記」で対応してしまえば，早く点数を稼げます。しかし，出題者の意図には反していますし，たとえば次のような問題には，この解法はまったく役に立ちません。

例題2 ドナウ川中流のヴァッハウ渓谷の船旅では，修道院で有名なメルクから下流のクレムスまで35 kmを，下りは90分，上りは170分で移動する。この区間でのドナウ川の流速はどれくらいか？

これが「難問」として有名な，「流水算」です。

ツルカメ算の「解答」の手順だけを丸暗記するのは，バカバカしいし，まちがえやすいでしょう。そこで次のような解法が考案されています。

> カメさんに頼んで，前足を引っ込めてもらう。すると足は，ツルもカメも2本ずつになり，全部で12ひきいるなら，足の数は24本である。しかし「足の総数は30本」なので，それでは6本足りない。それが「ひっこめてもらった，カメさんの前足」なので，カメの数は：
>
> $$6 \div 2 = 3$$
>
> したがってツルの数は $12 - 3 = 9$。

大昔，ある講習会で講演を頼まれたとき，この解法を紹介し，それから

① こんな方法は，ツルカメ算にしか通用しない，特殊解法である。

② 文字式を習えば，この種の問題はすべて一般的な方法で解けるのだから，こんな方法を暗記させ練習させるのは，やめたほうがよい。

という話をしました。ところが私の講演の後，感想を述べる役のまじめそうな先生が，

> 「今日はツルカメ算のすばらしい解法をお教えいただき，ありがとうございました」

といわれたので，呆然……私の①, ②の説明が，よほど下手だったのですね。

3. 文字式の常識

未知数の始まり

ところで，

> 文明の始まりは，ものに名前をつけること

だそうです。最初は固有名詞，それから普通名詞が誕生したのでは，と私は思っていますが，ずっと後に「数」を表す言葉ができ，さらに

わからない数にも名前をつける

という技術が生まれました。

たとえば

問題 ある数を2倍して1を加えると7になる。その数はいくつか？

という問題であれば，「昔の算術」ですと「逆算すればよい」と考えて，

$$(7-1) \div 2 = 3$$

と答えを出すのでしょうが，文字式を許すと，「まだわからない，ある数」をたとえば X と名付けて，

$$2X + 1 = 7$$

という式をこしらえます——これが「方程式を立てる」という操作で，ここから一般的な式変形で

$$X = (7-1) \div 2$$

という，さっきの「逆算の式」を導くことができます。これを「導く」ところでは，文字式を扱う技術が必要なのですが，それさえマスターすれば，このような簡単な場合だけでなく，もっと難しい問題をも含む幅広い課題に，同じ手法で一般的に対応できるのが「文字式」のいいところです。

文字の壁

ただ，この文字 X（外国語の文字！）には，中学生でも抵抗があるようで，それを乗り越えるには X の代わりにひらがな・カタカナや絵文字，あるいは▽や□などの記号を使っても構いません。

たとえばツルカメ算なら，わからないツルの数を▽，カメの数を□で表せば，「全部で12ひき」は

$$\triangledown + \square = 12 \qquad (1)$$

と書けますし，「足の総数は30本」は

$$(2 \times \triangledown) + (4 \times \square) = 30$$

で表されます。

なお，これを短く

$$2\,\triangledown + 4\,\square = 30 \qquad (2)$$

と書いてしまう「速記術」は，慣れるととても便利なのですが，分数の場合は

$$3\frac{1}{2}, \qquad 4\frac{3}{5}$$

がそれぞれ $3+(2$ 分の $1)$, $4+(5$ 分の $3)$ を表すので，先生はそのことも忘れずに，ていねいに指導しないといけないでしょう。

文字式の操作

“＝” で結ばれた等式は，両辺に同じ数の加・減・乗・除を施して，新しい等式を導くことができます。

また，2つの等式に対する

辺々加える（引く）

という操作も強力で，たとえば (1) の両辺を2倍すると，

$$2\,\triangledown + 2\,\square = 24 \qquad (3)$$

となり，(2) から (3) を「辺々引く」と，

$$左辺 = (2\,\triangledown + 4\,\square) - (2\,\triangledown + 2\,\square) = 2\,\square,$$
$$右辺 = 30 - 24 = 6$$

つまり $2\,\square = 6$ なので，両辺を2で割れば

$$\square = 3$$

が得られます——右辺を「計算しないで，式のままにしておく」と，

$$\square = (30 - 24) \div 2$$

のように，「ツルカメ算の特殊解法」が導かれます。

4. 少々無理な “常識”

流水算

では，例題2の流水算はどうでしょう。これは

方程式を立てるまでに，いろいろな“常識”が要求される

ので，たしかに難問ですし，あまりよい問題とは思えません。

たとえば，「川の速度」といっても，場所によってまた時間によっても変動するでしょうから，「その範囲での平均速度」を考える必要があります。また「船の速度」も考えると方程式を立てやすいのですが，この「船の速度」とは静水速度：

流れていない水の上を走るときの速度

のことで，しかも

上りも下りも，同じ静水速度で船を進める

という前提で話を進めるのです（これ，常識？）。

しかし，自動車で山を上り下りするときには，「上りにはアクセルを強く踏み，下りにはエンジン・ブレーキを利かす」のがふつうで，「上りも下りも，同じパワーで車を進める」ことなど考えられません――川の傾斜は山道よりゆるやかですから，算数の問題では上のように**仮定**して，問題を解いているのです。

仮定の下での解法

ただ，「そう考えれば，問題がきれいに解ける」のはたしかです――川の流速を□，船の（静水）速度を●とすると，船が静水速度●で走る間に，下りでは川が同じ方向に速度□で進むので，全体として船は速度●＋□で進む（下る）ことになるでしょう。また，船が川の流れに逆らって上るときには，全体として速度●－□で進むことになります（図 1, 図 2 参照）：

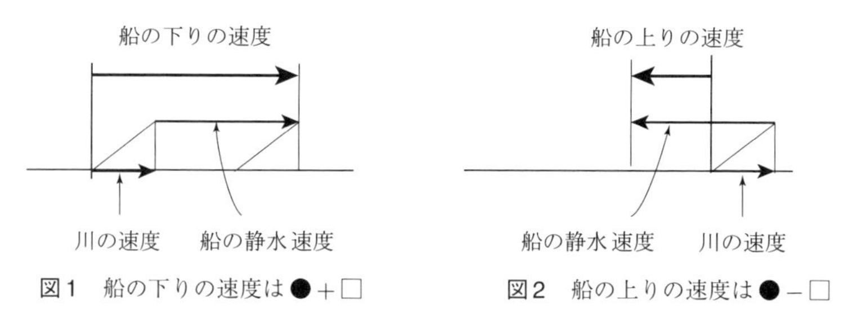

図1　船の下りの速度は●＋□　　**図2**　船の上りの速度は●－□

下りの速度 ▽＝●＋□
上りの速度 △＝●－□

一方，速度▽や△は，問題に示されている数値から計算できます：距離を所要時間（単位は“分”ではなくて“時間”）で割って，

$$\triangledown = 35 \div \frac{90}{60} = 35 \times \frac{2}{3} = \frac{70}{3} = 23.33\cdots\cdots$$

$$\triangle = 35 \div \frac{170}{60} = 35 \times \frac{6}{17} = \frac{210}{17} = 12.35\cdots\cdots$$

です。これを上の方程式に当てはめると，

$$\bullet + \square \fallingdotseq 23.33 \ (\text{km/時間})$$

$$\bullet - \square \fallingdotseq 12.35 \ (\text{km/時間})$$

となり，あとはいつもの「式の計算」で，求める流水の速度□（時速）が導かれます：

$$\square \fallingdotseq \frac{23.33 - 12.35}{2} = 5.49 \ (\text{km/時間})$$

[補足]

ドナウ川の最も速いところの流速は「毎時約17 km」というデータがありますので，この答えはだいぶ「遅すぎ」かもしれず，その原因には「少々無理な常識」も関係しているかもしれません。一度現地に行って，調べてみたいものです。

なお，速度や割合の加減算には，注意が要ります。

（ア） 5％の食塩水と8％の食塩水とをまぜても，

$$5 + 8 = 13\,(\%)$$

の食塩水にはならない。

（イ） 同じ道を，行きは時速40 km，帰りは時速60 kmで走ったとき，平均の時速は

$$(40 + 60) \div 2 = 50 \ (\text{km/毎時})$$

ではない。

このようなことがありますので，「速度を足したり引いたりできる」のは非常に特殊な場合で，私は流水算のほかには次のような例しか思いつきません。

(1) エスカレータや動く歩道の上を歩く（走る）人の，外から見た速度。

(2) 走っている列車（あるいは自動車）の窓から，投げ出されたボールの速度。

余談　昔あるデパートで，下りのエスカレータを歩いて登っているおじいさんがいました。最初は元気よく駆け上ったのでしょうが，途中から歩き始めたら，それがエスカレータと同じ速さ（方向は反対）だったので，外から見ると「エスカレータのちょうど真ん中あたりで，足踏みしている」ように見えて，気の毒ですが笑ってしまいました。

5. まちがった常識

排水の問題

ずいぶん昔，ある本に

水が一杯に入った水槽の底の排水栓をあけたら，1 時間で 3 分の 1 だけ減った（残りは最初の 3 分の 2)。あと何時間で，水槽が空になるか？

というような問題が載っていて，答えは

水が減る量は時間に比例するから，あと 2 時間で水槽は空になる

となっていました。そんなことはありませんので，驚いて，ある先生に尋ねてみると，

「小学校の算数では，それが常識だ」

といわれました（45 年くらい前の話です)。

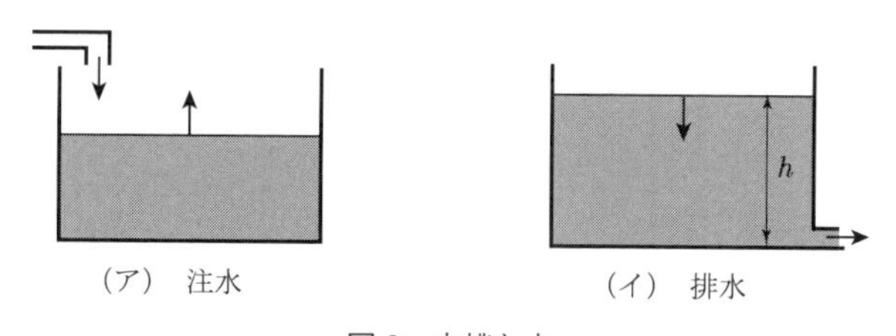

図 3　水槽と水

私は「流水算の常識」ぐらいは，「まあいいか」とも思うのですが，ここまでくると「そんなウソを教えていいの？」と思ってしまいます。「水道の蛇口から注水する」場合とは違って，「ポンプなどを使わずに排水する」場合（図 3 (イ)）には，「一定の速度で水が減る」ことには**なりません**。水槽の水でもペット・ボトル（底のほうに小さな横穴を開ける）でも，実験してみればすぐわかるのですが，水面

と排水孔の高さの差を h とすると（図3(イ)参照），

h が大きい間は水は勢いよく流れ出るが，水が減って h が小さくなると流れは遅くなり，最後はちょろちょろとしか出てゆかない

のです。

正しい法則

では，「水の減り方は，どんな物理法則にしたがっているのか？」ということになると，大学の数学の先生でもよくまちがえます。

水が流れ出る速度 v は，h に比例する（？）

と考えたくなりますが（そう書いてあった高校の教科書，大学の参考書もありました），実は

流出速度 v は h の**平方根に比例する**

のです（**トリチェリの法則**）。これは「エネルギー保存則」から導かれる法則で，「運動エネルギー」も関係することが重要です。

最初の問題に戻ると，「水槽の水の残り（3分の2）が空になる」までに，私の計算では4時間以上かかるので，その（昔の）本の答え「あと2時間」とは違いすぎます。

比例計算なら，「注水」に限らず，「蚊取り線香やローソクの減り方」など，適切な例はいくらでもあるので，これからは「流水算」や「排水問題」などが消え失せて，

「やさしくて，おもしろい問題」

が広く使われるといいなあ，と思っています。

[『数学教室』2014年6月号]

第12話

「パリティ」という考え方

今回は一般社会であまり知られていない，「パリティ」というちょっとしゃれた言葉を取り上げてみたいと思います。

1. 偶数と奇数

2011年春学期に，5934人の大学新入生を対象に，日本数学会が行った「大学生数学基本調査」には，次の問題が含まれていました。

> **問題**　偶数と奇数を足すと，答えはどうなるでしょうか。次の選択肢のうち正しいものに○を記入し，そうなる理由を下の空欄で説明してください。
> [　] (a) いつも必ず偶数になる。
> [　] (b) いつも必ず奇数になる。
> [　] (c) 奇数になることも偶数になることもある。

数学の先生たちが（たぶん）みな驚いたのは，この問題の正答率の低さです。難関校でも50％を割り，全体の平均正答率は19.3％（準正解を含めても34.0％）でした！　皆さんはどう思われるでしょうか？

偶数とは2で割り切れる数　：0，2，4，……
奇数とは2で割り切れない数：1，3，5，……

のことである，という「言葉の意味（定義）」と具体例を知っていれば，少しやっ

てみるだけで

$$2+3=5, \quad 12+27=39, \quad \cdots\cdots$$

などから,「答えはいつでも奇数になる」ことは見当がつくでしょう。しかし「その理由の説明」は，ちょっとむずかしそうです。

説明1　偶数x+奇数$y=z$がもし偶数なら,

$$\text{奇数}\,y=\text{偶数}\,z-\text{偶数}\,x$$

となるが，この式の右辺は2で割り切れるので，左辺の奇数yと等しくなるわけがない。だから「zは偶数ではありえない」ので，偶数xと奇数yの和zは，必ず奇数になる。

これは「奇数＋偶数は，偶数ではありえない。だから奇数だ」という，いわゆる**背理法**を使っています（その上,「偶数±偶数は2で割り切れる」ことを，当然のように使っています)。そんな遠回りを避けるには，次のような説明もあります。

説明2　(偶数x＋奇数y)÷2

$$\begin{aligned}&=(x\div 2)+(y\div 2) \qquad \cdots\cdots\text{“}\div 2\text{”の分配法則}\\&=\text{整数}+(\text{整数}+\text{はんぱ}\ (0.5))\\&=(\text{整数}+\text{整数})+\text{はんぱ}=\text{整数}+\text{はんぱ}\end{aligned}$$

このように，偶数と奇数の和$x+y$は2で割り切れないから，奇数である。

ところで，日本の高校では，次のことをきちんと教えているようです。m, nを任意の整数として：

① $2m$で表せる数はすべて偶数で，どんな偶数もこの形で表せる。

② $2n+1$と表せる数はすべて奇数で，どんな奇数もこの形で表せる。

文字m, nは数式□，△におきかえてもかまいません――これらを利用すると，もっとすっきりした説明（証明）ができます。

説明3　偶数＋奇数$=2m+(2n+1)$

$$=(2m+2n)+1=2(m+n)+1$$

最後は2□＋1という形で,「偶数と奇数の和」が必ず奇数であることを示している。

注意 任意の偶数と任意の奇数を表すのに，同じ文字 n を使って $2n$, $2n+1$ のように表すことはできません：その場合は “12, 13” のような，「連続する偶数と奇数」に限られてしまいます！

2. パリティ

偶数・奇数は自然数だけでなく，0 やマイナスの数を含む「一般の整数」にも考えられます。

偶数： $0,\ \pm 2,\ \pm 4,\ \pm 6,\ \cdots\cdots$
奇数： $\pm 1,\ \pm 3,\ \pm 5,\ \pm 7,\ \cdots\cdots$

これらの例からわかるように，「奇数か偶数か」には符号（+, −）は関係ありません：k が奇数（偶数）なら，$-k$ も奇数（偶数）です。

このようにすべての整数が，偶数と奇数に，明確に分類できるわけです。そこで整数についての問題を，「奇数か・偶数か」に着目して調べることがあり，その場合の「奇数か・偶数か」という性質を**パリティ**（**parity**，**奇偶性**）と呼びます。そこで役に立つのは，次の諸性質です（符号に関係なく成り立ちます）。

偶数 ± 偶数は，いつでも偶数，
奇数 ± 奇数は，いつでも偶数
奇数 ± 偶数，偶数 ± 奇数は，いつでも奇数

例 奇数 ±1 ＝偶数，偶数 ±1 ＝奇数

次に，パリティに注目するとスパッと解けてしまう，軽い問題を挙げてみましょう。

問題 たとえば

$$1+2-3=0, \qquad 1-2-3+4=0$$

のように，1 から 10 までの数をすべて +, − でつないで，答えを 0 にすることはできるか？

問題が「答えを 1 にできるか」であれば，いろいろ試しているうちに，うまいやりかた（の 1 つ）が見つかるでしょう。たとえば：

$$1 + 2 + 3 + 4 + 5 + 6 + 7 - 8 - 9 - 10 = 1$$

しかし，0はいくらがんばってもできません。そして「私がやってみたけど，ダメだった」では，「絶対にできない」ことの証明にはなりません。ところがパリティ（奇数か・偶数か）に注目すると，「なぜできないか」が，あっさり説明できます。

［答え］ できない。

実際，1から10までの中には，5個の奇数1, 3, 5, 7, 9が含まれている――プラス，マイナスをどうつけても，これらは奇数，和も奇数で，ほかの数はすべて偶数だから，どういう順序でどのように加えても，総和が奇数であることは変わらない。だから偶数0は，絶対に作れない！

［補足］
英和辞典でparityを引くと，数学以外では「同等・等価・類似・平衡」など，ずいぶん違った意味で使われています。

3. パリティとパズル

パリティは，次のパズルにも関係しています。

問題　図1のように線が引かれた盤面に，あなたの駒○（農夫）と敵の駒▲（ニワトリ）とが置かれている。

あなたから始めて，交互に駒を動かして，敵の駒をつかまえる（▲の位置に，○を進める）ことはできるか？

ただし，どちらの駒も「描かれている線に沿って，隣の交点に進む」ことしかできない――線のないところは進めないし，じっとしていること（パス）もできない。

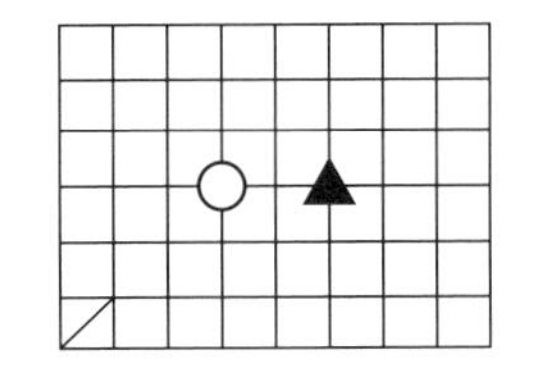

図1　ニワトリ▲をつかまえろ！

少しやってみると分かりますが，これがけっこうむずかしいのです。たとえば図

2のように，農夫○がニワトリ▲を隅に追いつめたとしても，ここであなたが農夫○を動かす番だと，つかまえられません：農夫○がAに進めばニワトリ▲はBに逃げ，農夫○がBに進めばニワトリ▲はAに逃げてしまうのです。「なぜつかまえられないか」は，○と▲の間の「距離」と，そのパリティから説明できます。ここで「距離」とは

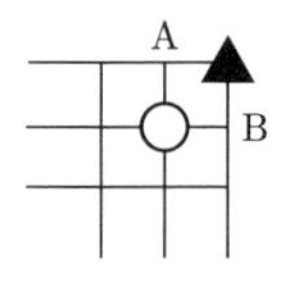

図２　さてどうなるか？

何回続けて動かせば，その位置に行けるか

の**最小回数**のことで，

２つの駒の間の距離が，奇数か・偶数か

が致命的に重要なのです。

最初の距離（図１）は２（偶数）ですが，格子の上をタテ・ヨコに動く限り，

①　あなたが○を動かすと，距離は必ず奇数になり，

②　次に敵が▲を動かすと，距離は必ず偶数になるのです（ためしてみれば，すぐわかります！）。

「つかまえる」とは「距離を０にする」ことですが，０は偶数ですから，上の①，②が成り立っている限り，農夫○はニワトリ▲を捕まえることは絶対にできません——▲がまちがえて，○のいるところに飛び込んでくれれば別ですが。

それでも，このゲームであなたは必ず勝てます。図１の左下にあるナナメ線を使って，奇数か偶数か——パリティを逆転すればよいのです。

①　最初は敵を追わずに，タテ・ヨコの線だけを通って，ひたすらナナメ線をめざす。

②　ナナメ線に着いたら，そこを渡る。

③　そのあとは，二度とナナメ線を通らずに，敵の駒▲を追い詰める。

ナナメ線に着くまでは，敵がどう動いても，あなたの番のときの○と▲の距離は偶数です。ところが，②でナナメ線を通過すると，それ以後はずっと

あなたが動かす直前の，ナナメ線を使わない最短距離は，奇数

になり，「つかまえる」可能性が生まれます。ほんとうに「つかまえられる」ことは，パリティだけから説明できることではありませんが，実際にやってみれば「なんだ，すぐ追い詰められるんだな」とわかりますので，ぜひためしてみてくだ

さい！

同じ原理を応用した，別のおもしろいパズルがあります。5行10列の盤の中央近くに，背中合わせのおじいさん・おばあさんの駒○, ○と，2羽のニワトリの駒▲, ▲が図3のように置かれています。

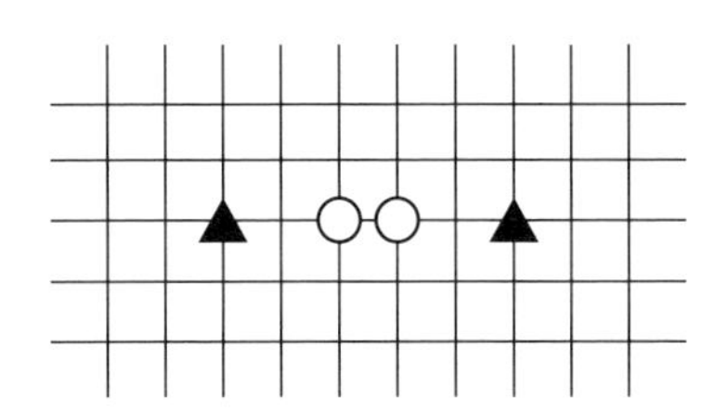

図3　背中合わせのおじいさん・おばあさん○, ○と2羽のニワトリ▲, ▲

まず，あなたはおじいさん・おばあさんの駒をそれぞれ隣の空いている交点に進め，次に相手は2羽のニワトリをやはり同時に，隣の交点に動かします。なお，おじいさんとおばあさんは，同じ交点には入れません――これを交互に繰り返して，おじいさんたちはニワトリ2羽をつかまえられるでしょうか？

今度も「おじいさん・おばあさんとそのすぐ前のニワトリの，最初の距離は2(偶数)」で，パリティを逆転するための「ナナメ線」はありません。誰もできないときに，あなたがうまくつかまえてみせると驚かれる，でしょうね。

［解答］　おじいさん・おばあさんが，それぞれ背中側にいる（遠くの）ニワトリを追いかければ，最初の距離が奇数なので，2羽のニワトリがどう逃げても，簡単につかまえられます――やってみてください！

4. インターネットとパリティ

ご存じの方も多いと思いますが，インターネットの世界では，すべての情報は基本信号1, 0の組み合わせで表されます――数は，

0と1だけを使う，2進法

で表せますし，音声や画像も（いろいろな方法で数値化して）0と1の組み合わせで表します。また文字・記号は，約束を決めて，0と1の組み合わせで表します。現在日本でも使われている「世界標準の表し方」（の1つ）では，たとえば

文字“@”は　01000000
“A”は　01000001
“B”は　01000010
“Z”は　01011010

というように，1つの文字を8個の0, 1の組み合わせで表しています。

このように「決まった文字を表す，ひと組の0, 1」を**符号語**と呼び，符号語の決め方ワンセットを**符号系**と呼びます。符号系を決めれば，どんなに遠くまででも文字列を送信することができるので，国内の有線・無線の電話回線，また海底ケーブルや無線（衛星）通信まで使って，世界中で大量の0, 1情報が飛び交っています。

1個の0, 1を，ふつう**1ビット**（bit，2進桁数字 binary digit の略）といいます。1つの文字は，英数字が中心ですと，さっきの例のように

1文字を8個の0, 1（8ビット）で表す

ことが多いので，8ビットのことを1バイト（byte）と呼び，記憶容量の大きさを表すときなどによく使われています（余計なことですが，大昔は1バイト＝6ビットでした）。なお仮名・漢字ですと数が非常に多いので，1文字を2バイト（16ビット）で表すのがふつうです。

このような情報通信で問題になるのが「通信エラー」，つまり

電気的な雑音によって，ある確率で電気信号1, 0が0, 1に化ける

ことですが，これを完全になくすのは不可能なので，いろいろな対策が工夫されています。たとえば「同じ通信文を，2回繰り返して送る」ことにすれば，どちらかでだけ起こった誤りは，受け取った2つの通信文をつきあわせればわかるので，「要注意」の印をつけるとか「再送信」を要求するなど，対策を取れます。これが**誤りの検出**です。

注意　「まったく同じ場所で起こった誤り」は見逃されてしまいますが，誤りが起こる確率が「万に1つ」であれば，「同じ場所で誤りが起こる確率」は（単純な仮定の下で）「億に1つ」と，きわめて小さくなります。

ただこのやり方ですと「通信量が2倍に増える」のが重大な欠点です。そこで登場するのが，「パリティ・ビット」と呼ばれる，パリティを利用した，負担の軽い誤り対策です。

たとえば「1文字を8個の0, 1で表す」符号系に基づいて通信を行うとき，1文字ごとに1ビットを，次の規則に従って追加するのです。

> 1つの文字を表す符号語に，1の個数が奇数になるように，新しいビットを加える。

例

“@” → 0100 0000 → 0100 0000 $\underline{0}$
“A” → 0100 0001 → 0100 0001 $\underline{1}$
“B” → 0100 0010 → 0100 0010 $\underline{1}$
“Z” → 0101 1010 → 0101 1010 $\underline{1}$

最後に付け加えた$\underline{0}$，$\underline{1}$を，**パリティ・ビット**といいます。こうしておけば，通信中に誤りが発生したとき，もし1つの文字$(8+1=)$ 9ビットの中で1つだけの誤りであれば，もともと奇数であった“1”の個数が偶数になってしまいますから，「誤りが発生した！」とわかるわけです。

注意　同じ文字9ビットの中で2つ以上の（偶数個の）誤りが起こると，それは見逃されてしまいますが，その確率はきわめて小さくなります。

誤り訂正符号

パリティ・ビットを巧妙に使うと，たとえば次のようなこともできます：

> 8ビットの符号に4種類のパリティ・ビットをある規則に従って付け加えると，合計12ビットのうちの1ヵ所だけの誤りなら「誤りがあった」とわかるだけでなく，「どこが誤りか」も判定でき，自動的に訂正することができる。

このように設計された符号系は，**誤り訂正符号系**と呼ばれます。これを応用すると，メールの送信中に誤りが起こっても「相手には，正しい文が届く」とか，CD・DVDに少しくらいキズがついても「正しい音楽・画像が再生される」などの効用があるので，情報通信の幅広い分野で活用されています。

[補足]

2ヵ所以上の誤りを訂正できる符号系もあり，昔から代数学の知識を活用した「符号理論」が発達しています。

[『数学教室』**2013年10月号**]

第13話

統計の常識

1. 数に語らせる

日本人の寿命

昔は「人生わずか五十年」といわれましたが，最近はずいぶん寿命が延びました。特に日本女性は「世界一位や上位を争う長寿」になったのです（2011年に香港がトップになりましたが，翌年は日本が首位。しかし，2015年から2019年には香港が男女ともに世界一位）。しかし「順位」だけではよくわからないので，日本人の寿命については次のような「数値的なデータ」（以下，単に「データ」と呼ぶ）を知って初めて，「へぇー」とよくわかった気がします。

縄文時代の平均寿命　：　男女とも31歳
1890年代　：　男性42.3歳，女性44.3歳
1935年頃　：　男性46.9歳，女性49.6歳
1960年代　：　男性65.3歳，女性70.2歳
1970年代　：　男性69.3歳，女性74.7歳
2010年　　：　男性79.6歳，女性86.4歳
2019年　　：　男性81.4歳，女性87.5歳

ついでですが，第2次世界大戦が終わった直後，1945年の「日本人男性の平均寿命23.9歳」を見ると，戦争の恐ろしさがよくわかります。

しかし，何でも「数値を並べれば，それでよくわかる」というものでもなく，たとえば外人さんに「お相撲さんの体重は，どれくらいですか？」と聞かれたとき，全力士の体重のリストを見せても，詳しすぎて「すぐによくわかる」とはいえないでしょう。それよりは「155 kgあたりの人が多い」とか「平均161 kg」などと，

代表的な数値で答えたほうが，ボクサー（ヘビー級で90.7kg以上）や野球の選手（長嶋選手は76kg）と比較して，イメージをもちやすいのではないか，と思われます。

代表値

たくさんの数値をひと言で“代表”する値を，**代表値**といいます。全データの総和をデータ数で割った**平均値**（mean）は「代表的な代表値」で，さきほど示した「平均寿命」もそうです（統計的に推定される寿命の平均値）。ほかにも

だいたい〜あたりが多い

という“並みの値”（**最頻値**（さいひんち），モード mode：正確な説明は次節で）とか，

データを小さい順に並べたときの，ちょうど真ん中の値

という**中央値**（メジアン median）なども，意味がわかりやすい代表値です。ただし偶数個のデータですと「ちょうど真ん中」がないので，真ん中に近い2つの値を足して2で割った値（平均値）を，中央値と呼びます。

1つの数値だけでは大ざっぱすぎるので，データの特徴を「もう少し細かく見たい」ときには，次のような数値もよく使われます：

最大値（maximum），　**最小値**（minimum）

また分野によっては，データを小さい順に並べて4等分し，その境界にあたる数値：

（小さい順に）**第1・第2・第3四分位数**

を使うこともあります——第2四分位数は，中央値と同じです。

注意 細かいことをいうと，「境界」の決め方が9通りもありますが，ここでは深入りしません。

2. 分布とグラフ

度数分布表と柱状グラフ

数値データの特徴をもっとよく知るには，データを上手に整理しておくとよいのです。「お相撲さんの体重」であれば，まず幕内全力士の体重データを入手して，たとえば次のように整理しておきます。

① 全データ（120kg以上，220kg未満）を10kgごとに，10個の区間（**階級**）

に分ける。

② それぞれの階級にあてはまる，データの個数（**度数**，この例では人数）を数え，表にする。

ここで使ったのは少し前の2013年3月春場所のときのデータですが（このデータを一覧に掲げることは省略します），最小値は双大竜（そうたいりゅう）の122 kg，最大値は臥牙丸（ががまる）の212 kgです。そこで①のようにデータの範囲を「120 kg以上，220 kg未満」として，その間を「120 kg以上，130 kg未満」から始めて，幅10 kgで分けてみました。

その結果を示すのが，下の表Iのような「**度数分布表**」です。なお，各階級の「体重」の欄には，その区間の真ん中の値（**階級値**）が入っています――たとえば「120 kg以上，130 kg未満」の階級には，その階級値125 (kg)を記しています。これを見ると，名横綱・千代の富士120 kg（1991年引退）の時代より全体的に大きくなっていますが，最大値は小錦（1997年引退）の285 kgに及びません。

表I 幕内力士の体重の，度数分布表：
120 kgから220 kgまでを10段階に等分した。

体重	125	135	145	155	165	175	185	195	205	215
人数	1	3	7	13	7	2	6	2	0	1

体重の欄のたとえば“125”は，“120 kg以上，130 kg未満”を意味する。

表Iができれば，そこから図1のようなグラフを描くことができます。横軸が体重，縦軸は（ここでは）度数で，ひとつの柱（長方形）でひとつの階級の度数を表していますが，この例ではどの階級も同じ幅ですので，柱の横幅は一定で，高

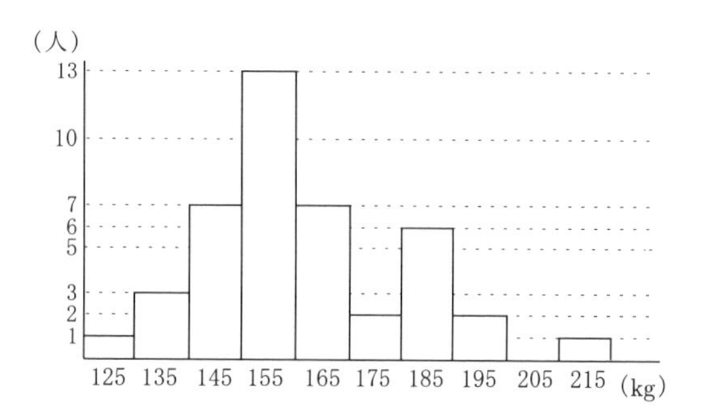

図1 幕内力士の体重：“最頻値”は155 kg
横軸には各階級の階級値が示されている。

さは度数に比例するように描かれています。

図1で柱が最も高いところ(度数が最も大きい階級)は，左から4番目の「150 kg以上，160 kg未満」の階級ですが，この階級の代表値155 kgが，前節で触れた「**最頻値**」です。

ところで，階級幅は，都合によっていろいろ変えることがあります。たとえば下の表IIは，度数そのものではなく「度数をデータの総数で割った，**相対度数**」の分布を示す“**相対度数分布表**”ですが，ここでの階級幅は一定ではありません：貯蓄額が

① 0円から2000万円までは，幅200万円，
② その上3000万円までは，幅500万円，
③ 3000万円以上4000万円までは，1階級，
④ 4000万円以上は，すべて1階級

表II 世帯別貯蓄額の相対度数分布表：
度数をデータの総数で割った“相対度数”を示す。

貯蓄額	0～	200～	…	1800～	2000～	2500～	3000～	4000～
世帯数	17.4 %	10.4 %	…	2.4 %	6.2 %	4.8 %	6.0 %	10.2 %

階級の分け方については，上の①～④を参照(出典：総務省統計局資料，平成23年(2011年)の抜粋)。

このような度数分布表から柱状グラフを描くときは，幅が狭い階級でも広い階級でも「同じ度数は同じ高さ」に書くのは不公平ですし，誤解を招きやすいので，

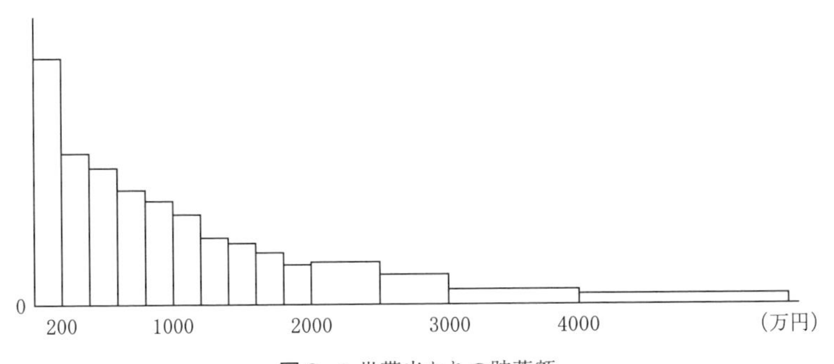

図2 1世帯当たりの貯蓄額
このように「全体として右肩下がりで，右に続く裾野が長い」分布は，L型分布と呼ばれる(右端の階級幅は，スペースの関係で切り詰めた)。

次のように描きます：

① 柱（長方形）の幅は階級幅に比例し，

② 高さは「柱の面積が，度数に比例する」ように決める。

この方針で表IIのもとになったデータをグラフ化したのが，図2です。

グラフで見る，データの特徴

図1，図2のようなグラフを見ると，代表値だけではわからない，データの「総体的な様相」（専門用語では「**統計的分布**」）がよくわかるでしょう。

表Iのデータにはよい性質が多く，グラフからすぐわかるように，最大値は最小値の2倍程度で，「4〜5倍もの差」はありません。また代表値は，表Iから求めると「平均値：161.4 kg，中央値：155 kg，最頻値：155 kg」で，平均値がやや大きいですが，大差はありません。

これに対して表II（グラフは図2の，L型分布）のような経済的なデータでは，最小値の10倍以上の富裕層がいて，しかもその富裕層の中だけでも，10倍以上の開きがあることが珍しくないのです。そのような場合は，

> 平均値は，超・富裕層にひきずられて，庶民感覚とはかけ離れた高さになる

ことがあります。実際，このグラフのもとになったデータを見ると，平均値は1664万円で，毎年新聞で発表されるたびに「うちはそんな貯金，ないよー」と思う世帯が7割近くになるのです。中央値は991万円ですが，グラフから読み取れる最頻値は100万円ですから，「こちらのほうが，庶民感覚に近い」かも知れません。

[補足]

グラフにはほかにもいろいろあります。2013年から高校教科書に登場した「箱ひげ図」もその1つですが，これはご存じない方もおられるでしょうから，簡単に説明しておきましょう。

これは数直線（の一部）の上に，最小値・最大値と第1〜第3四分位数を，図3のように描いたものです（データとしては表Iを使いました）。

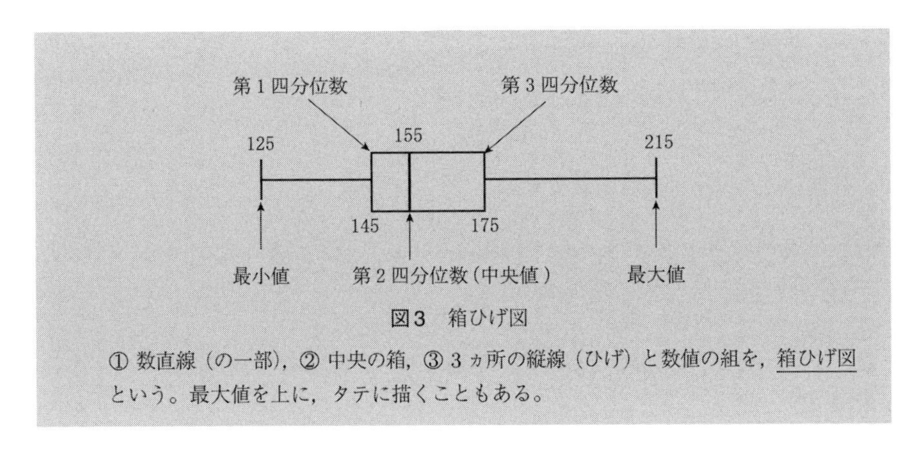

図3 箱ひげ図

① 数直線（の一部），② 中央の箱，③ 3ヵ所の縦線（ひげ）と数値の組を，箱ひげ図という。最大値を上に，タテに描くこともある。

3. 未来予測と統計

昔の統計理論は**記述統計学**とも呼ばれ，

現状を統計的にどのように記述するか

が中心でした。しかし，最近は**推測統計学**といって，現状認識からさらに「未来の予測」も扱うようになりました。おもしろいのは，こちらです。

もちろん「**予測**」とは，絶対に正しい「予知」**ではない**ので，たとえば

私の（まだ生まれていない，最初の）曾孫は，51％の確率で男である

というような，確率的な推測しかできません。そこで当然，確率論とも結びつくのですが，そこで記述統計学が開発した指標が役に立ちます。

予測に利用するデータで大事なのは，「安定性」です。新生児の性別については，地域と時代によらず，男子51％，女子49％で非常に安定しているので，上のような予測がかなり自信をもってできるのです。だからその「データの安定性」，逆にいえば，

データがどれくらいばらついているか

の定量的な評価が，とても重要です。それはまた

降水確率の正確さ，
薬の効果の個人差，
毎日の売り上げがどの程度ふらつくか

等々の，数値的な評価にもつながります。そしてそのために，理論的にも応用上もよく使われるのが

平均値との差の 2 乗の，平均値

で，**分散**（variance）と呼ばれます。

例 1　5 個の数値 1, 2, 3, 4, 5 の平均値は 3 で，各数値から平均値を引いた値は

$$-2,\ -1,\ 0,\ 1,\ 2,$$

となります。これらの和は 0 なので，平均も $0 \div 5 = 0$ ですが，これらの 2 乗の平均は

$$((-2)^2 + (-1)^2 + 0^2 + 1^2 + 2^2) \div 5 = (4 + 1 + 0 + 1 + 4) \div 5 = 2$$

となります。したがって，5 個の数値 1, 2, 3, 4, 5 の分散は，2 です。

「分散が 2」といわれても，それだけでは「わけがわからない」でしょうが，いろいろな例について分散を計算してみると，直観的に「ばらつきが大きい（まとまりが悪い)」データは，分散も大きいことがわかるでしょう。

例 2　1, 2, 5, 13, 24 は，1, 2, 3, 4, 5 より明らかにまとまりが悪く，「ばらつきが大きい」といえるでしょう。これらの平均値は 9 ですが，「平均値との差の 2 乗」の平均（つまり分散）は，次のようにずっと大きくなります：

$$((-8)^2 + (-7)^2 + (-4)^2 + 4^2 + 15^2) \div 5$$
$$= (64 + 49 + 16 + 16 + 225) \div 5 = 74$$

例 3　3, 3, 3, 3, 3 の平均は 3，また分散は：

$$(0^2 + 0^2 + 0^2 + 0^2 + 0^2) \div 5 = 0$$

このように，すべての値が同じ（ばらつきなし）なら，分散は 0 です。

例 4　図 4，図 5 を図 1 と比べてみてください：見るからに，まとまりが最もよいのは図 1，最も悪いのが図 5，といえるでしょう。

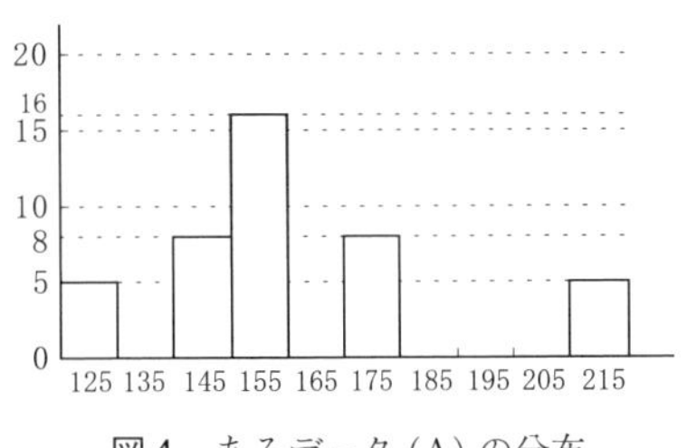

図4　あるデータ (A) の分布

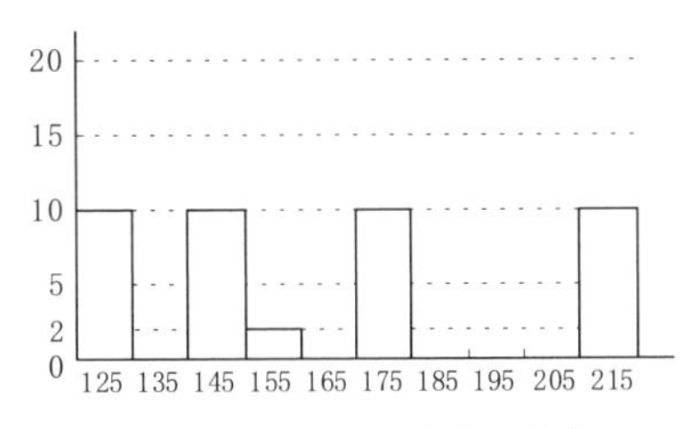

図5　あるデータ (B) の分布

一方，それぞれのもとになったデータ (A), (B) と表Iのデータについて分散を計算してみると，次のようになります。

データ (A) の分散　：　601.0
表Iのデータの分散　：　351.5
データ (B) の分散　：　1099.8

たしかに「まとまりが悪い（ばらつきが大きい)」ほど，分散も大きくなっていますね。データ (A), (B)（詳細は省きます）は私の創作ですが，次のような特徴があります：

箱ひげ図を描くと，どちらも図3と同じ！

箱ひげ図はわかりやすく，同じ型の分布，特に最頻値が中央値とほぼ等しく，グラフが

最頻値を中心として，ほぼ左右対称

というデータの比較・分析には便利なので，ある分野では愛用されています。しかし上の例からわかるように，一般的なバラツキの評価には使えません。その上，経済データや「クラスの試験の成績の分布」などでは，「左右対称ではないデータ」は珍しくないのです。だから学ぶ側としては，あとの応用が広く理論的にも重要な「分散」さえしっかり学んでおけば，箱ひげ図は軽く触れておくだけで十分ではないか，と私は思います。

[『数学教室』2014年1月号]

第14話

平均値の効用と限界

―― 統計の常識（つづき）

1. 平均値とは

たとえば，ある商店の 7, 8, 9 月の売上高が

208 万円，　164 万円，　234 万円

であったとき，この期間の通算売上高，最高（最大）・最低（最小）の売上高を計算すると

通算売上高＝ $208+164+234=606$（万円），
最高（最大）の売上高＝234（万円），
最低（最小）の売上高＝164（万円）

です。またこの期間の「1ヵ月あたりの平均売上高」とは，通算売上高を月数 3 で割った

$$606\div 3=202\ (\text{万円})$$

のことです。

このような「平均を求める操作」は，

2 つの考え方を，足して 2 で割る

というような比喩的な意味でもよく使われるくらい，どなたでもおなじみの考え方です。

しかし，

英語・数学・国語の点数を，足して 3 で割ることに，どんな意味があるのか？

という疑問もまた，昔から問題視され議論されていました。もちろんそんな平均は，

身長（cm）・体重（kg）・肺活量（cm^3）を，足して3で割った値

のように,「何となくデカい」とか「ちょっと小さめ」程度のことしかわからない，大ざっぱな目安にすぎません。しかし

すべての値を，公平に考慮している

ことは確かなので,「入学試験での合否判定」などでは,「学校の成績」や「面接」,また「推薦状」などとも併用しながら,「ひとつの便宜的な目安」として非常によく使われています。

ただ,「平均の，ほかの取り方」もありますので，いくつか紹介しておきましょう。話を簡単にするために，2つの数値 x, y の平均値を求める場合について，説明します。

(1) **相加平均** A …… 前話でも登場した「平均値」のことで，式で書くと：

$$A=\frac{x+y}{2}$$

(2) **相乗平均** M …… 積の平方根：

$$M=\sqrt{x\times y}$$

(3) **調和平均** H …… 逆数の相加平均の，逆数

$$H=\frac{1}{\left(\dfrac{\dfrac{1}{x}+\dfrac{1}{y}}{2}\right)}=\frac{2xy}{x+y}$$

(4) 2乗平均の平方根 D …… 式で書くと：

$$D=\sqrt{\frac{x^2+y^2}{2}}$$

以下これを“**2次平均**”と呼びます。
（仮の名前です）

成績評価で「どれが妥当か」は微妙で，場合にもよるでしょうが，数値だけでいえば

調和平均 ≦ 相乗平均 ≦ 相加平均 ≦ 2次平均

が成り立ちます。

たとえば，2回のテストの結果が

（ア）100 点と 0 点，（イ）40 点と 60 点，（ウ）2 回とも 50 点

のそれぞれの場合について，「平均値」がどんな値になるかを次の表 I に示しました。またついでに，平均点が 50 点になる 2 回のテストの結果 (x, y) のグラフを，それぞれの平均について，図 1 に示しておきました。2 次平均 D が 50 点になる点 (x, y) は「原点を中心とする，点 $(50, 50)$ を通る円（の四半分）」になり，相乗平均 M と調和平均 H の場合は，どちらも「点 $(50, 50)$ を通る，双曲線（の一部）」になります——H のグラフのほうが上です。

表 I　いろいろな平均値

	（ア）	（イ）	（ウ）
調和平均 H	計算不能	48	50
相乗平均 M	0	約 49	50
相加平均 A	50	50	50
2 次平均 D	71	約 51	50

★ $x = y = c$ の場合は，どの平均でも，平均値 $= c$

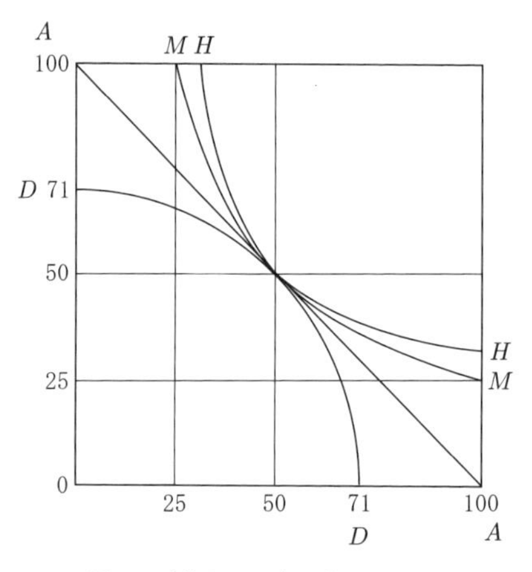

図 1　平均が 50 点になるのは？
平均が 50 点になる得点 (x, y) の位置を，グラフで示す。たとえば相加平均が 50 点になるのは $x + y = 100$，$y = 100 - x$ の場合なので，「$(0, 100)$ と $(100, 0)$ を結ぶ直線」になる。

表 I からすぐわかるように，ひとつでも 0 点があると相乗平均は 0 点になりますが，2 次平均では，もうひとつが 100 点なら，挽回しておつりが出ます。です

から，おおざっぱにいえば，2次平均は特技のある生徒に有利で，「相乗平均」は弱点のある子には不利でしょう。

[補足1]

調和平均は「逆数の相加平均の，逆数」のことなので，x, yのどちらかが0だと計算できません。ただ，式変形をしたあとの形ですと$x+y \neq 0$なら計算できて，表I (ア)は0になります。

[補足2]

調和平均は，次のような問題にぴったりあてはまります：

「片道120 kmの道を，往きは時速40 km，帰りは時速60 kmで帰った。往復を通しての平均時速はどれくらいか？」

正解は，相加平均50 km/hではなくて，調和平均48 km/hになります。

2. 工学・自然科学と相加平均

相加平均は，工学や自然科学とは相性がいいものです。そこで，この節では相加平均だけを扱い，単に「平均」と呼ぶことにします。

測定値と平均値

平均値は，「長さや角度を測定する」ときに，ひじょうによく使われます。天文観測で星の位置は，地面から見上げる角度や，東西南北の方角を表す角度によって表されますが，望遠鏡などない大昔から，観測・測定されてきました。もちろん角度であれば「分度器」，長さであれば「ものさし」の目盛で測るわけですが，最小の単位（今の単位でいえば，たとえばmm）より小さいところは，目分量で読むわけです。目分量だからもちろん不正確なので，その「不正確さ」をカバーするために

複数回観測して，平均値を求める

ことが，よく行われました。

［補足］

現在は，体温や血圧などの「測定結果をデジタルで表示してくれる」装置もありますから，そういう場合は「目分量」の必要はなくなります。

余談　私は理学部の学生だったのでそういう訓練は受けませんでしたが，友達と旅行の写真を見ながら雑談していたとき，誰かが「この女の子の腕，太いね」といったら，工学部の友達が「どれどれ」と物差しを出して，その写真の「太い」といわれた腕を何回か測って，平均値を求めていました！

ところで，多くの誤差によくあてはまる「**正規分布曲線**」というものがあります——この曲線の背景にある基礎理論を構築した，数学者ガウスに敬意を表して**ガウス分布曲線**とも呼ばれますが，そのグラフは「タテの1の長さをヨコの1の長さよりずっと大きくして描く」と「机の上に置いた，ジングル・ベル」のような形になるので，“**ベル曲線**”とも呼ばれます。

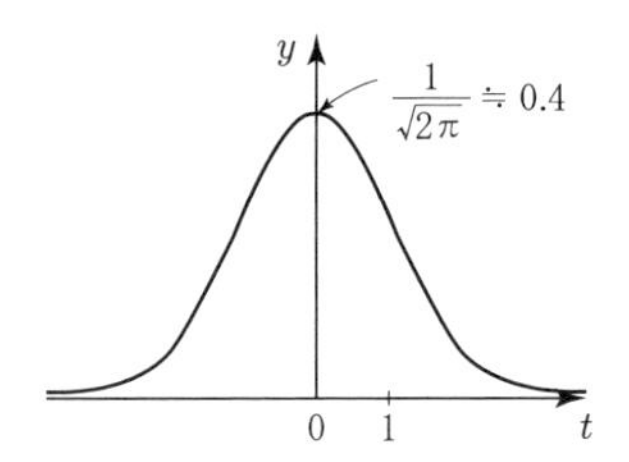

図2　正規分布曲線（ベル曲線）（三省堂『高等学校の確率・統計』p.107）

しかし，図3に示すのが，タテ・ヨコを同じ尺度で描いた，ほんとうの正規分布曲線の形です。

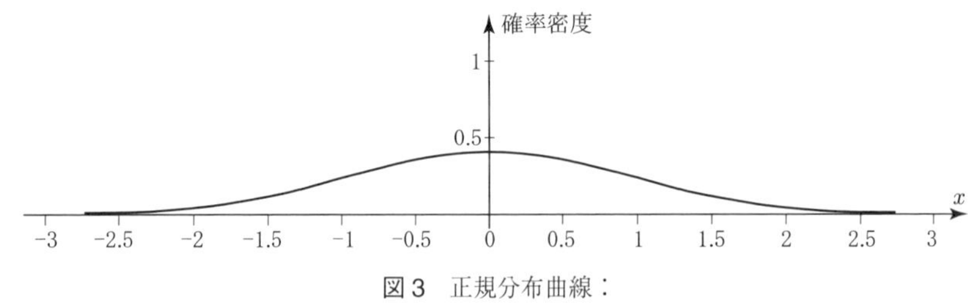

図3　正規分布曲線：
横軸は誤差 d，タテ軸が確率 p（正確にいえば“確率密度”）で，$x=0$ を中心とする，きれいな左右対称になっている（三省堂『高等学校の数学・指導書』p.105）

自然現象と平均値

私たちが日常よく目にしている「コップや洗面器の中の，水」について，おもしろい話があります。

全体としては「静止しているように見える」水でも，水の個々の分子の多くはけっこう動いていて（**熱運動**），中には時速 1800 km 以上で動いている分子もあるのだそうです。それが「全体としては，静止しているように見える」のは，もちろん，

① 個々の分子は小さすぎて，眼に見えない

ばかりでなく，

② 多数の分子がそれぞれ勝手な方向に，独立に動いていて，それらの速度の**平均値は 0** である

ためなのです──ここで「速度の平均値」がわかりにくいかもしれませんが，運動を

東西方向・南北方向・上下方向

だけに注目して観察したとき，どの方向についても速度の平均値が 0 になる，ということです──そうでないのは何か「流れ」とか「渦」などの動きがある場合で，ある程度大きな動きは，「水の全体としての動き」として，眼にも見えます。

ブラウン運動

ところで，肉眼では見えなくても，「顕微鏡を使えば見える動き」もあります。それを最初に観察したのは 18 世紀イギリスのニーダムで，水に浮かべた花粉を顕微鏡で観察すると「花粉がひじょうに複雑な動きをする」ことを発見しました。その後 19 世紀に，同じイギリスの植物学者ブラウンは，それが植物の「受精」に関係する生命現象ではないかと思って，詳しく調べました。ところが，アルコール漬けにして殺した花粉でも，金属煤の微粒子でも同じ「運動」が観察されることがわかり，「**生命現象ではない**」ことが確かめられました。それ以来，この現象は「**ブラウン運動**」と呼ばれていますが，その原因は長いこと謎でした。

20 世紀に入ってから，かのアインシュタインが水の分子の熱運動に注目して，

顕微鏡で見える程度には大きく，水の分子に跳ね飛ばされるくらい小さくて軽い粒子が，勝手気ままに動いている水の分子に突き動かされて動

いている

のがブラウン運動である，と見抜いて，

分子運動論の立場から計算すると，ブラウン運動の観測結果とよく合う

ことを示しました。当時は「分子」の存在自体が明らかではなかったので，これが「分子の存在を示す，はじめての状況証拠であった」そうです。

インクの拡散

「お互いに無関係に，勝手気ままに（**独立に**）動く」分子が引き起こす現象が，肉眼で見える場合もあります。たとえば，洗面器に水を張って，その水面に青インクをぽたっと落としてやると，青インクは落ちた勢いで下に向かうだけでなく，水面上でも青い円形が広がってゆきます。インクの拡散，と呼ばれる現象ですね。

よく観察すると，その円の半径が大きくなる速度は，**一定ではなく，だんだんと遅くなるのです**——正確な表現は最後に述べますが，これも「分子運動論」から定量的に説明できる，おもしろい事実です。その説明には「少し進んだ確率論」（と，ちょっぴり面倒な計算）が必要なのですが，おおざっぱな計算でも「だいたいの傾向」は示せるので，そこだけご紹介しておきましょう。

まず，話を簡単にするために，

①　水面上のある小範囲（以下「ブロック」と呼ぶ）に，インクの粒子 32 個を落とした

とし，それらの粒子の「ある直線上の，左右の動きに注目する」ことにします。インク粒子は，勝手気ままに（独立に）動く水の分子に跳ね飛ばされるので，平均的には単純に，

②　インク粒子は単位時間ごとに，半分が右隣のブロック，半分が左側のブロックに移動する

と仮定し，さらに，

③　同じブロックの中に 5 個以上のインク粒子があれば，そこが青く見える——それより少ないと，色が薄すぎてはっきり見えない

とします。すると，インク粒子の分布は，時間とともに次の図 4 のように変化します。

まず最初（時刻 0）に，32 個のインク粒子が，中央のブロックに落ちます。単

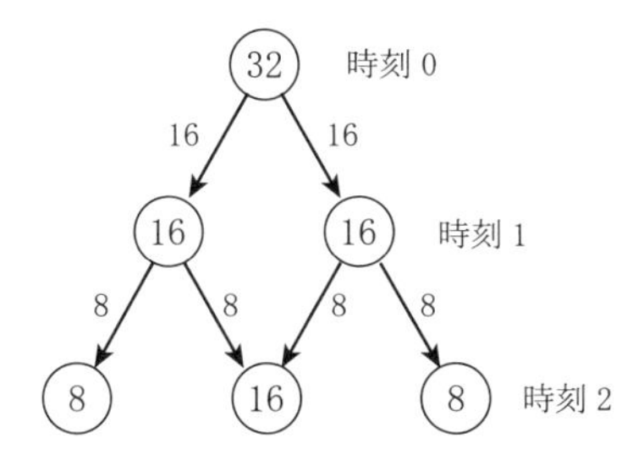

図 4　インク粒子の移動

位時間後（次の時刻 1）に，そのうち半分の 16 個が右のブロックに移動し，残り半分の 16 個が左のブロックに移動します。さらに次の時刻 2 には，右側のブロックの 16 個の粒子の半分（8 個）がさらに右に進み，あとの半分（8 個）は左に戻ります。左のブロックの 16 個も半分が右に，半分が左に進みますから，その結果，中央から右の 2 ブロックめに 8 個のインク粒子が入り，中央には左右から 8 個ずつで合計 16 個，左の 2 ブロックめには 8 個のインク粒子が入ります。以下同様で，その結果を表にまとめると表 II のようになります。

表 II　インク粒子の拡散のようす

↓時刻 t					インクが↓落とされた位置				
0					32				
1				16		16			
2			8		16		8		
3		4		12		12		4	
4	2		8		12		8		2
5		5		10		10		5	

★ 左端の数字は経過時間，枠内の数字はそのブロックにあるインク粒子の個数を示す（空白は 0 個）。
★ 太い下線は「青く見える範囲」を示す。

簡単なモデルですが，これでも

> 見える範囲（円）の半径は，経過時間に比例せず，それより少し遅く，広がってゆく

ことは読み取れるでしょう。

実は，落とされてから「右へ右へ」とまっしぐらに直進する粒子も中にはあるのですが，自力で動くのではなく，多数の「勝手気ままな」（独立な，平均速度 0

の）水の分子に突き動かされて動くので，10 回も続けて右に行くのは 1000 個に 1 個程度で，大部分は左右にふらふらと揺れ動きます。その結果をいくらか定量的にいうと，次のようになります。

> インク粒子のある一定の部分（たとえば 68 %）は，落とされた地点を中心とするある円内におさまっていて，その円の半径は，経過時間 t の平方根 $\sqrt{t}$ に比例して大きくなる。

だから，その円の半径は，4 倍の時間で 2 倍になり，9 倍の時間で 3 倍になる，ということです。ただし，広がるにつれて，色はだんだんと薄くなるので，上記の「円」の境界がはっきりと見えるわけではありません。これは確率計算で導けるのですが（詳細は省略），こんなところにも

> 「個々の分子の運動が独立で，**平均値は 0**」

という性質が関係しているのは，ふしぎでもあり，おもしろいことだと私は思います。

[『数学教室』**2016 年 4 月号**]

第15話

確率の常識

1. 未来の予測は，むずかしい

未来を正しく予測するのは，むずかしいことです。私などは「マイナスの予知能力をもっているんじゃなかろうか」と思うことがあるくらい，「こうかなあ」とか「そうに違いない！」と思ったことが，実によく外れるのです。そこで「よく考えた末の結論」と反対の予想をしてみたら，やっぱり外れた（最初の結論が正しかった），なんてこともありました。

伝説によれば，古代ギリシャの神殿の巫女（みこ）さんで，気の毒な人がいました。あるときその巫女さんが，神様に「永遠の生命をください」とお願いしたら，「ああ，いいとも」と叶えられました。しかし，彼女は未来を正しく予測できなかったので，「永遠の若さ」をお願いするのを忘れていたのです。そのため「いくら老いさらばえても死なない」ことになってしまいました！

トロイの王女カッサンドラも，かわいそうな人です。彼女は英雄ヘクトールの妹ですが，アポロンから予知能力を与えられたのに，「誰もその予言を信じない」という呪いをかけられてしまったのです。そのためトロイがギリシャに攻め落とされてから，総大将アガメムノンに連れ去られ，さいごはアガメムノンの妻に（アガメムノンもろとも）殺されるのを，わかっていたでしょうに防げませんでした。

現代でも，たとえ予知能力があっても，「ほかの人に，上手に話す」能力がなければ，よい占い師にはなれないそうです。逆に，予知能力がなくても，「上手に話す」能力さえあれば，占い師として食べてゆける，という説もあります。お客さんに安心感，あるいは「夢」さえ与えればいいのでしょうね。

2. 確率の非常識

未来を「予知」できなければ，「たぶんこうなるだろう」という予測が役に立つでしょう。それを定量的に述べるのが「確率」で，誰でもこの言葉ぐらいは知っていますし，ある程度は経験的に利用しているものです。しかし，この言葉の意味までよくわかっている人は，意外に少ないかもしれません。

誤解 1 サイコロを振って，「1 の目」が出る確率は，「出るか・出ないか」の 2 つに 1 つなのだから，2 分の 1 (0.5，50％) である。

誤解 2 確率とは「□通りの 1 つ」，つまり「□分の 1」のことなので，確率が「4 分の 3」とか，ましてや 0.334897974…… なんてことはありえない。

誤解 3 サイコロを振って，「1 の目」が出る確率は，6 つに 1 つだから，6 分の 1 である。だからサイコロを 6 回振れば，必ず 1 回，1 の目が出る。

そもそも，**確率**とは何でしょうか。

「何回中に何回起こるか」という割合

の，目安のことです。たとえば新生児の性別については，永年の統計から

男子 51％，　女子 49％

ということが知られていて，これはかなり安心して使える確率です。また，サイコロを振って

1 から 6 までの，どの目が出るか

は，常識的に

どの場合も，同程度に起こりやすい　　(*)

でしょうから，ふつうは

どの目が出る確率も，6 分の 1

と決めて，話を進めます。

ところで，「どの場合も，同程度に起こりやすい」という仮定 (*) は重大で，これが正しいかどうかには疑問の余地があります。「中に鉛を埋め込んで，1 を出やすくした」イカサマ・サイコロは別としても，いくつかの目の出やすさには，わずかにズレがあるかもしれません。しかし「そう大きなズレはない」でしょうか

ら，このように決めた確率は，「目安」として，けっこう役に立つことが多いものです。

一方，「1の目は出るか・出ないかの2つに1つ」というのは正しいのですが，

どちらも同程度に起こりやすい

とは**到底いえません**ので，「1の目が出る確率は2分の1」というのはもちろん誤りです。しかし，「教科書に書いてあるから」とそのように覚えこんでいる人がいました。そこで念のため，高校の教科書を調べてみましたら，大事な仮定 (∗) 抜きで，

□通りの場合があれば，そのうちの1つが起こる確率は，□分の1

と，堂々と書いてある（文部科学省検定済み）教科書もありました――**教科書に書いてあるからといって，無批判に信用してはいけません！**

「男女の比率」のように，「統計データから推定した確率」は，よく“**統計的確率**”と呼ばれます。一方，さいころの目のように

基本仮定 (∗) の下で，決められた確率

は，単に“確率”と呼ばれることが多いのですが，ここでは区別のために“**理論的確率**”と呼ぶことにしましょう。

どちらの確率も「目安」であって，「絶対に正しい」という保証は必ずしもないのですが，決めてしまえばそこからいろいろな（複合的な現象の）確率を計算することができ，そこから逆に（推定，あるいは仮定された）「確率の妥当性」を検証することもできます。

たとえば，「さいころを続けて6回振ったら，どうなるか」という問題では，ある仮定の下で，次のような確率が計算できます。

(1) そのうち偶数の目が4回，奇数の目が2回出る確率は，0.234375
(2) 「1の目」が1回も出ない確率は，0.334897976⋯⋯
(3) 1の目がちょうど1回だけ出る確率は，0.401877572⋯⋯

このように，複雑な計算で求められる確率まで，「すべて□分の1という形をしている」というのもふしぎな思い込みなので（生徒ではなく，ある先生の誤解だそうです），「割り切れない小数」だっていくらでも出てきます。また，(2) 以下でわかるように，「確率6分の1なら，6回のうち必ず1回起こる」などというの

も，まったくの誤解です！

3. 確率の常識――「目安」の意味

では,「確率が6分の1」とは，どういうことなのでしょうか？　1回振ってみて

「1の目が，6分の1だけ出る」

なんてことはありえませんし,「6回振れば，必ず1回出る」のでもないとすると,「6分の1」という数値に，どんな意味があるのでしょうか？

こういうときには「論より証拠」，実験をしてみるのが一番でしょう。というわけで，実際にサイコロを120回，手で振ってみましたので，その結果,「どの目が何回出たか」を表Iに示します。1の目は，最初に6回振ったときには「1回も出なかった」のに，それも含めて60回振ったときには,（偶然にも）ちょうど10回出ています。

表I　サイコロを6回・60回・120回振った結果

回数	1	2	3	4	5	6
6	0	3	2	0	0	1
60	10	14	8	10	8	10
120	20	21	18	20	25	16

それぞれの目が「何回出たか」（度数）を示している。

ここからさらに「手で振り続ける」のはたいへんなので，コンピュータにやらせてみました。その結果の「1の目が出る割合」を折れ線グラフ（図1）にしてみ

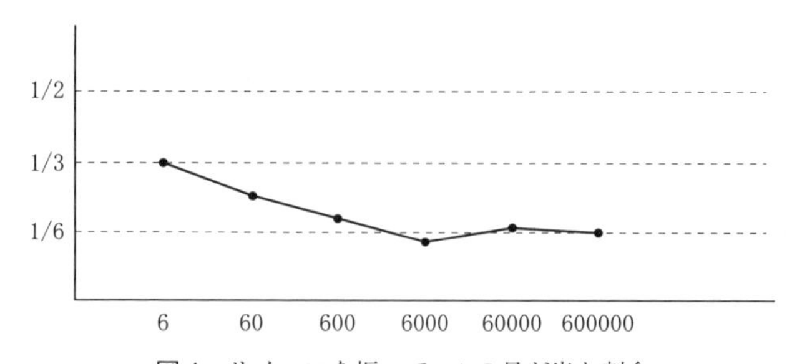

図1　サイコロを振って，1の目が出た割合

コンピュータ実験の結果：横軸が「さいころを振った回数」で，等間隔にはなっていない。縦軸が「1の目が出た割合（頻度，相対度数)」を表す。

ましたので，どうぞご覧ください——私が手で振ったときとは違って，1 の目は最初の 6 回では 2 回，60 回では 15 回も出ましたので，その割合は図 1 では，それぞれ

$$2 \div 6 = \frac{1}{3}, \qquad 15 \div 60 = \frac{1}{4}$$

と表示されています。

図 1 を見れば，「1 が出る割合」は，実験回数が増えるとしだいに「6 分の 1」に近づいてゆくのがよくわかるでしょう。実験回数が 6 万回を超えると，「ほとんど 6 分の 1」にしか見えません！——これが「6 分の 1」という目安の，実際的な意味です。

ここは大事なところですから，ポイントを一般的な言葉でまとめておきましょう。

確率の 3 原則

(1)　あることが起こる「確率」とは，実験（あるいは観測）を多数回繰り返したときに，そのことが起こる割合の目安である。

(2)　1 回限りの出来事や少数回の実験・観測では，確率は必ずしもあてにならない。

(3)　多数回の実験・観測を行ったとき，全体としてそれが起こる割合は，正しい確率にほぼ等しい。

さいごの (3) は「法則」として，次のように述べることもできます。

大数（たいすう）の法則

あるできごとが起こる割合（相対頻度，統計的確率）は，実験（観測）回数を増やせば，正しい確率にいくらでも近づいてゆく。

この法則の中で，「近づいてゆく」という言葉があいまいで，わかりにくいかと思いますが，ここはもう少し定量的に述べることもできます。それが「推測統計学」の強力な武器でもありますので，次の節でそのことの「意味」を，「証明」は抜きにして，表とグラフでゆっくり説明してみたいと思います。

4. 大数の法則の背景

まず，サイコロを何回も振ったとき，

1の目が何回出るか

という問題を考えてみましょう。

話を具体的にするために，振った回数 N を $N=6$ とすると，サイコロには6つの目があるので，

6回振ったときの目の出かた

には

$$S = 6 \times 6 \times 6 \times 6 \times 6 \times 6 = 6^6 = 46,656$$

通りの場合があります。それらを「1の目が出た回数」X で分類・表示すると，表IIができます：①列には「何通りあるか」を示し，②列にはそれを総数 S で割った，割合を示しています。

この「割合」（頻度）は，「どの場合も，同程度起こりやすい」という仮定 $(*)$ のもとでの**理論的確率**です。

表 II　「1の目が出る回数」X と，その確率

X	① 場合の数	② 割合
0	15,625	0.334,897
1	18,750	0.401,878
2	9,375	0.200,939
3	2,500	0.053,584
4	375	0.008,038
5	30	0.000,643
6	1	0.000,021
合計	46,656	1.000,000

この表を見ると，X が4以上になる場合の数は合計で400ちょっとで，確率は1%にもなりません。$X=6$，つまり“6回続けて1の目が出る”ことは「万にひとつもない」ので，もしそんなことが起こったら「このサイコロは怪しい（できが悪い）のでは？」と疑ってもいいくらいです。

注意 もちろん，よくできたさいころでも「偶然，6回続けて1の目が出る」こともありえます。しかし，このように「疑う」とか，ときには「例外的な場合は無視する」のも，実際的な判断を下すために役立つ場合があります。

表IIで示された割合をグラフで示したのが，図2です。このグラフが表している「確率の散らばり」は，**確率分布**と呼ばれます。この例では「$X=1$のところが最も高い」，いわゆる**山型分布**です。

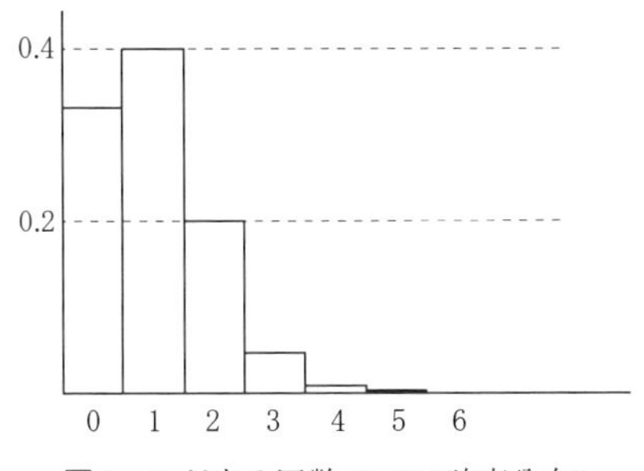

図2 1が出る回数Xの“確率分布”

ところで，表IIの①列にある「場合の数」は，

データ $X=0$ が 15,625回，
データ $X=1$ が 18,750回，
……

と考えると，第13話でお話しした「平均」とか「分散」をあてはめることができます。計算は面倒ですが，がんばってやってみると，Xの平均Eと分散Vは

$$E=1, \qquad V=0.833,333,\cdots\cdots$$

になります。

しかし，これらの数値は，実は次の公式から，簡単に導くことができます：確率pで起こることが，N回の実験で起こる回数をXとすると，

$$X\text{の平均 } E=Np, \qquad X\text{の分散 } V=Np(1-p)$$

なのです。今の場合は

$$N=6, \qquad p=\frac{1}{6}$$

ですから，これらを上の公式に代入すれば，同じ結果がただちに得られます。

さらに，

$$p = \frac{X}{N}, \qquad D = 2.58\frac{\sqrt{V}}{N} = 2.58\frac{\sqrt{Np(1-p)}}{N} = 2.58\frac{\sqrt{p(1-p)}}{\sqrt{N}}$$

とおくと，99％の確率で，次の不等式が成り立つことが知られています：

$$|p - P| < D \qquad （ア）$$

要するに「正しい確率 p と統計的確率 P との差は，99％の確率で，上の数値 D を越えない」ということで，たとえば6万回サイコロを振れば $(N = 60,000)$，D の値は次のようになります。

$$D = 2.58\frac{\sqrt{\frac{1}{6} \times \left(1 - \frac{1}{6}\right)}}{\sqrt{60,000}} = 0.003\,925\cdots\cdots$$

だから，正しい確率 p と統計的確率 P との差は，ごくわずか $(0.003, 925, \cdots\cdots)$ なのです：

$$p - 0.003, 925, \cdots\cdots < P < p + 0.003, 925, \cdots\cdots$$

実験回数 N を100倍，さらに100倍，……と増やしてゆけば，N は D を表す式の平方根の分母にありますから，D の値は10分の1，さらに10分の1，……と，どんどん小さくなります。これが大数の法則「実験回数を増やせば，統計的確率 P は正しい確率 p に，いくらでも近づく」ということの，正しい意味です——本当は「ただし，例外的な場合を除いて」といわなければならないのでした。

ところで，大数の法則は，次の仮定から導かれる，数学的な事実（定理）です：

① 「正しい確率」が存在する。

② 毎回の実験の結果は，過去の結果にまったく影響されない（どの実験も，独立）。

当然，「正しい確率」が考えられない場合や，独立性が保障されない状況では，大数の法則は成り立ちません。たとえば金融市場では，特にバブルの成長期や崩壊期には「個々の取引の独立性」は成り立たないので，大数の法則（と共通の仮定をもつ金融工学）は使えません。実際，そのために，「バブルがはじけたときに倒産した」証券会社もあるのです！

[『数学教室』2014年2月号]

第16話

正確には予測できないこと

——確率の常識（つづき）

1. 社会生活と未来予測

未来予測は，社会人なら日常的に，誰でもやっていることでしょう。たとえば，待っているバス・タクシー・友人がなかなか来ないとき，「あと○○分以内に来る可能性は，どれくらいあるだろうか？」という心配は，かなりの人が経験しておられるのではないか，と思います。

その可能性を定量的に表すのが“確率”で，詳しくいえば次のようなことです。

> あるできごとが「どれくらいの割合で起こるか」を，0以上1以下（0％から100％まで）の数値で表現した，その**数値**（割合）のこと。

もちろん「起こる割合」を「数値的に正確に表現する」のはふつうは困難で，「とても無理」な場合もありますが，次のような場合には，はっきりした数値を示すことができます。

例1 コインを投げて，表（あるいは裏）が出る確率：

どちらも2分の1（50％，0.5）。

例2 ふつうのサイコロを振って，ある特定の目（たとえば5の目）が出る確率：

どの目も $\frac{1}{6}$ （$\fallingdotseq 0.1667$，約17％）。

これらは

どの場合も，同程度に起こりやすい (#)

という基本仮定から導かれる“**理論的確率**”です。例外もありますし（あとで紹介します），「厳密に同じか」というと断定しがたい場合が多いのですが，まあふつうは「少し違うとしても，大差ないだろう」から，「同程度に起こりやすいと**仮定**して，理論的に計算を進める」のです。

例 3 胎児が男の子か女の子かは，過去の統計から「51％が男の子，49％が女の子」とわかっているので，ふつう，男の子である確率 51％，女の子である確率 49％と見積もります。

これは「過去の統計」（データが非常に安定している）に基づく，**統計的確率**です。なお，現在は妊娠第 16 週以後なら，超音波で男女の判別ができます。これは「確率的推定」ではなく，「科学的観測」です！

例 4 天気予報に出てくる「降水確率」は，ある地域・ある時間帯に「雨または雪（解けたときの量）が 1 ミリ以上降る」確率（割合）のことで，10％きざみで発表されます。

これは過去のデータを調べて，たとえば「似たような気象状況が 1328 回あって，そのうち 443 回に 1 ミリ以上の雨が降った」のなら，その割合は，

$$443 \div 1328 = 0.33358\cdots\cdots$$

で，天気予報では「降水確率 30％」と発表していますが，これも統計的確率です。

[補足]

「降水確率 30％」といわれても，「傘を 30％だけもって出かける」なんてことはできませんから，あとは各自の状況判断で（持ち歩く荷物のことなどを考えて）「大きな傘を持ってゆくか，折り畳みの傘にするか」を決めます。ただそのときに，降水「確率」だけでなく降水「量」もわかるといいのですが，それはテレビ・ラジオでは報道されません（気象庁のホームページの「今後の雨（降水短時間予報）」や「降水ナウキャスト」で見ることができます）。

2. 確率についての前提

「同程度に起こりやすい」ということ

先ほど「さいころの目」などについて「どの場合も，同程度に起こりやすい」と

いう前提(#)を示しました。この前提は重要で，これを抜きにして，

① どの目が出る確率も，必ず6分の1，
② 1の目は「出るか・出ないか」の2つに1つだから，出る確率は2分の1

などという，とんでもない誤解をなくすために，

仮定(#)が成り立たない，「サイドタ」

を発明した人がいます（図1)。大きなほうは，「コロコロ」とは転がらず，「ドタ」と倒れるところから「サイドタ」と名付けられましたが，

1と6の目が，極端に出にくい

ようにできています。小さいほうも，面の大きさが違うので，仮定(#)も①も成り立ちません。こちらは「いくらかは転がる」ようにできていますが，名前は「サイドタ」を受け継ぎました。また

1の目が2つと，5の目が4つある

さいころもあって，「どの面が上になるか」は同程度起こりやすいのですが，「5の目が出る」確率は6分の4（3分の2）で，6分の1ではありません。

図1 いろいろなさいころ
左の2つがサイドタ，右奥は5の面が4つある。
右手前だけが，まともなさいころである。

確率の安定性

さいころに限らず，「確率現象」についてはもっと重大な前提があります。そ

れは，

「繰り返し」があって，何回繰り返しても，注目する場合の起こりやすさが変わらない，

安定性・不変性がある　　(##)

という大前提です ── 水ようかんやアイスクリームで作ったさいころは，1 回でも投げれば形が崩れてしまいますから，「安定性」がまったくないので，確率を考えることはできません。

「確率 6 分の 1」という言葉の意味

では，よくできたさいころの 6 つの目が「どの目が出る確率も，6 分の 1」であるとき，

6 回振れば，必ず 1 回，1 の目が出る

かというと，そう信じている大学生もいるのですが，実はそうとは限りません (表 I, II 参照)。それでは

1 の目が出る確率は，6 分の 1

ということに，実際問題としてどんな意味があるのでしょうか？── 結論をいってしまえば，

（ア） 10 回や 20 回振っても，**わからない**。

（イ） しかし，60 万回も振ってみれば，そのうちおおよそ 10 万回ぐらい，1 の目が出る

ということです。もちろん「ぴったり 10 万回」ではないので，正確にいえば，「1 の目が，N 回振って m 回出た」とすると，その比率 $m \div N$ は

N が大きくなれば，いくらでも 6 分の 1 に近づく

ということです (**大数の法則**)。たとえば，私が「ふつうのさいころ」を 10 回振ってみた結果，それぞれの目が出た回数と比率（回数 ÷ 10）は，次の表 I のようになりました。

これではとても「6 回に 1 回」とは思えませんが，これを含めて 180 回振ってみた結果は，表 II のようになりました。

これでもまだ「理想的な値 6 分の 1（≒ 0.167)」から「少し外れている目」もありますが，それでも「全体としては，少しは近づいてきた」といえるでしょう。何

表 I　さいころを10回振ってみたら……

目	回数（比率）	目	回数（比率）
1	2 (0.2)	4	2 (0.2)
2	5 (0.5)	5	0 (0)
3	0 (0)	6	1 (0.1)

表 II　さいころを180回振った結果

目	回数（比率）	目	回数（比率）
1	31 (0.172)	4	26 (0.144)
2	33 (0.183)	5	30 (0.167)
3	28 (0.156)	6	32 (0.178)

万回も振ればもっといいのですが，1人で振り続けるのは疲れるので，あきらめました（コンピュータ・シミュレーションなら，何十万回でも簡単にできます）。

ともかく，「確率 p」とは，「100回実験（あるいは観測）すれば，ちょうど $100p$ 回起こる」**という意味ではまったくなくて，**

何十万回・何百万回も実験（あるいは観測）すれば，そのうちの起こった回数の割合が，**しだいに正しい確率** p **に近づく**

ということなのです。

確率の応用

「少数回の実験・観察では，あてにならない」確率でも，判断の材料に役立つことがあります。賭博にはそういう例が山ほどあるのですが，日常的な問題を1つ挙げてみましょう。

> **問題**　11階建てのビル（地階はない）の9階から，下に降りようとエレベータを待っています。エレベータが1台しかないとき，下りのエレベータが先に来る確率は，おおよそどれくらいでしょうか？

[解答]　エレベータの現在位置が9階より低ければ，「まず来るのは上り」で，9階より高ければ「下りが先」です。9階より下は1～8の8階，9階より上は10～11階の2階だけなので，「どこにいるかの確率が階数に比例する」と仮定すれば，

上り8 ： 下り2

となり，下りが先に来る確率はおよそ20％です。

教訓　高い階だと当然，「上りが先」が多い！　ただし1階と最上階は，話が別です。

3. 確率の限界

確率は便利で役に立つ概念ですが,「数値を正確に求めることができない」場合もあります。以下, 3つほど例を挙げて, 解説をしておきましょう。

(1) 天気の長期予報

「降水確率0%という予報だったのに, 雨が降った」という例は私も何回か経験しましたが, 予報は「10%きざみ」ということもありますし, データがごくわずかしかない気象条件では, 予報の信頼度にも限界があるでしょう。しかし,「今週のお天気の予報」については, 人工衛星など観測技術の格段の進歩があるので, 昔よりはずっと正確になった, と思います——私が学生の頃は「明日は晴れときどき曇り, ところによって雨」というような「よくわからない予報」が珍しくありませんでした。

しかし今でも, 難しい問題が残っています。それは**長期予報**です。天候の変化を予測する基本的な方程式はあるし, 超高速のコンピュータも導入されているのですが, 気象というのは「ごくわずかな変化が, 先々に大きな変化をもたらす」"**カオス**"と呼ばれる現象の一例で,「バタフライ効果」と呼ばれる次のようなジョークがあるくらいです。

> 北京で, ある蝶々が, 急に向きを変えたために, あとでニューヨークに大雨が降った。

だから正確な長期予報をするためには, 世界中の蝶々の動きを把握しなければなりませんが, もちろんそんなことは不可能です!

(2) 地震の予測

首都直下型地震が30年以内に起こる確率について, 東大地震研グループは2012年に「98%」と発表しましたが, 政府の地震調査研究会のそれまでの発表「70%程度」とは, ずいぶん違います。ですから「どちらもアテにならない」と考えてよさそうです。

[補足]

「30年以内に70%といわれても, どういうことかよくわからない」という人がいます。無理もない話で, 何回も体験できる「明日の天気」と違って，「30年間で**%」といわれても，「いったい何の**%なのか」が考えにくいでしょう。こういう場合の「確率」は，「時間系列」ではなく「空間に広げて考える」ほうが，少しはわかりやすいように思います：同じ条件の都市が100あれば，そのうち70ヵ所で，30年以内に直下型地震が起こる。

地震予測については小林道正さんの著書『「地震予知」にだまされるな！』（明石書房）に詳しい分析がありますが，

地震のメカニズムが十分に解明されていない

上に，

データが少なすぎる

ので，計算にあたって「どんな仮定を持ち込むか」で，結果がいくらでも変わってしまうのですね。人間の体内の計測と違って，相手が地球では大きすぎて，人間でいえば「腕に1ミリほど針を刺して調べる」ようなもので，内部の全体的状況がよくわからないのです。

過去の大地震についてはデータもごくわずかで，2011年に文部科学省・地震調査研究推進会議が発表した，東海地震についての

今後30年間に発生する確率は，87％

という予測も，その根拠は過去の東海地震の，たった4回の記録だそうです：

明応東海地震：1498年，　慶長地震　　：1605年
宝永地震　　：1707年，　安政東海地震：1854年

平均間隔は約119年で，2015年までにすでに161年経過していますから，「すでに起こっている確率，99％」ともいえそうです（冗談です！）。大数の法則に関連して示した「さいころを振ったときの記録」（表I, II）と比較しても，その「いいかげんさ」がよくわかるでしょう。そもそも，確率を考えることができる「安定性・不変性」があるかどうかも，怪しいところがあるように思います。

(3) 景気の動向の予測

一時は「金融工学」がもてはやされ，その基礎となった理論の建設者・伊藤清先生（1915–2008，2006年第1回ガウス賞，2008年文化勲章）は，「ウォール街で最も有名な日本人」といわれたこともありました。しかし，この分野は，データは山ほどあるのに，信頼できる経済理論がなく，緊急の場合に役に立っていま

せん。実際，1997年にノーベル経済学賞を受賞したショールズさんとマートンさんは，富裕層対象の信託会社（いわゆるヘッジ・ファンド）ロングターム・キャピタル・マネージメント社の経営に参加していましたが，この会社は1998年の「ロシア危機」のあおりで倒産しました。その後ショールズさんが設立した信託会社も，リーマン・ショックで倒産しました。

ショールズさんの理論「ブラック－ショールズの確率微分方程式」（ブラックさんは亡くなっていたため，ノーベル賞をもらい損ねた）には私も興味をもって，小林道正さん（伊藤清先生の直弟子）の著書『ブラック－ショールズの確率微分方程式』（朝倉書店）で勉強してみました。すると驚いたことに，彼らの理論は「数学的には実にみごと」ですが，経済現象の予測には，いざというときにまるで役に立ちません。専門家の間でも「特殊な場合のリスク評価が甘い」という批判があったそうですが，私にいわせれば「リスクの評価など，まるでやっていない」のです！　彼らの理論では，金融商品の価格の変動を，

①　**定常変動**と呼ばれる，一定の変動（右肩上がり・右肩下がりなど傾向を，1次式で表す）と，

②　**確率変動**と呼ばれる，欲の皮の突っ張った人たちの思惑で揺れ動く，確率的な変動

の重ね合わせ（和）としています。そして「確率変動の部分を，ブラウン運動とみなしている」ので，私はびっくり仰天しました。

「ブラウン運動」とは，第14話で解説した通り，「独立に運動する，多数の水の分子」がひきおこす現象です。しかし，多くの投資家が「独立に運動する」とは限りません。実際，バブルがふくらむときには「我も我も」と大勢が買いまくり，バブルがはじけると，大慌てで一斉に「売り」に走ります。その結果，「各自の動きが独立」の**ブラウン運動では起こりえない，暴騰や暴落が起こる**ので，ブラック－ショールズの確率微分方程式など，そういう危急の場合には**何の役にも立たないのです**。どうしてこんないいかげんな理論でノーベル経済学賞がもらえたのか，私にはまったく理解できません！

蛇足　イギリスで1720年に「南海バブル」がはじけたときに，投資していたニュートンも大損をして，「天体の動きは計算できたが，人間の狂気までは計算できなかった」とこぼしたそうです。

［『数学教室』2016年5月号］

第17話

アルゴリズムとは？

1. アルゴリズムとは

アルゴリズムとは，典型的にはコンピュータを使った計算や情報処理などでの，問題を解く**方法・手順**を意味する言葉です。

「プログラム」も似たような意味で使うことがありますが，こちらは「音楽会のプログラム」がふつうは「演奏曲目や演奏者，開催日時と場所・解説」などを書いた印刷物を意味することが多いように，「コンピュータ・プログラム」といえば多くの場合「情報処理の手順を，ある一定の書式で書き表した文書」をさしています。そのため「あるプログラムに記述されている，計算手順」そのものを表すために，耳慣れない「アルゴリズム」という古い言葉が持ち出され，こちらは「文書」を意味することはないので，今では広く使われています。

“アルゴリズム” はおもしろい言葉で，もともとは8〜9世紀にバグダードで活躍した数学者・天文学者・地理学者アブー・アブダッラー・ムハンマド・イブン・ムーサー・アル＝フワーリズミー（al-Khwarizmi，ホラズム（フワーリズム）出身のムーサーの息子ムハンマド：790？–850？），通称アル・ホレズミに由来する言葉です。

彼の著書『インド式十進位取り記数法と，それに基づく計算法』がラテン語に翻訳されヨーロッパに紹介されたとき，冒頭が「アル＝フワーリズミー曰く」で始まっていたため，新しい計算法を表すにも著者の名前「アル＝フワーリズミー」が使われるようになりました。その後，「数」を意味するギリシャ語 “arithmos” と混同されて “algorithm” と綴るようになり，意味も次第に広げられて，今では一般的・客観的なすべての「方法・手順」を意味しています。

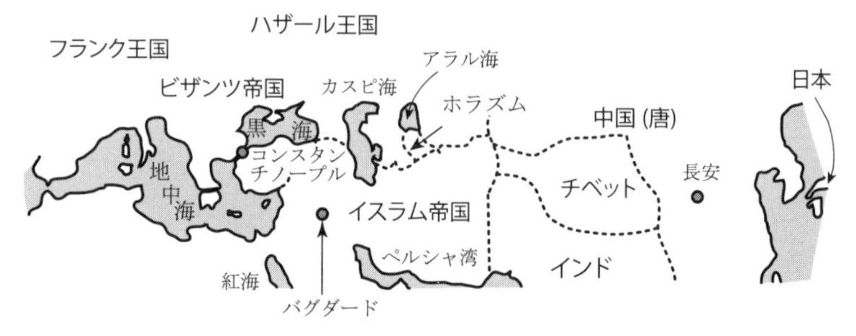

図１　ホラズムからバグダードまで（AD 800 年頃）
（朝日・タイムズ『世界歴史地図』pp.108–109 を参考にして作図）

[図１についての補足]　ホラズムからバグダードまでは，概算で 1600 km を超えます（何日かかったでしょうね？）。なお，ホラズムは 13 世紀にモンゴルの属国になったこともあります。19 世紀には帝政ロシアに征服され，20 世紀に「ホラズム人民共和国」としてソビエト連邦に加わり，その後ウズベキスタン共和国に編入され，現在に至っています。なお，アル=フワーリズミーさんがいたころにはフランク王国のシャルルマーニュ大帝や，『アラビアン・ナイト（千夜一夜物語)』にも登場する有名なカリフ，ハールーン・アル=ラシードが活躍していました。

コンピュータとアルゴリズム

コンピュータにある仕事をやらせるには，「どうすればいいか」を正確に指定しないといけません。人間が相手なら「そこんとこ適当にやっといて」で済むような仕事でも，事細かに手順（アルゴリズム）を指定しないと，コンピュータは動いてくれないのです。

しかし逆に，どんなに複雑な手順でも，指示さえすれば，いやがらず疲れることもなく，きちんと実行してくれるのがコンピュータ（機械）のいいところです――円周率の計算など，人間が計算していた時代には小数点以下 1000 桁にも届かなかったのですが，コンピュータにやらせたらたちまち 2000 桁を超え，100 万桁を超え，2020 年には 50 兆桁まで計算されています！

そのような大規模な計算では，アルゴリズムの「効率」も大事です。あるやり方で半日かかる仕事が，うまいやり方で「15 分でできた」なら，みなその「うまいやり方」を使いたくなるでしょう。

「効率の差」が簡単に観察できるのは，冪乗（べき）

$$x^n = x \times x \times \cdots\cdots \times x \qquad (n \text{ 個の } x \text{ の積})$$

の計算です。たとえば x^{10} の値を求めるのなら，9回の乗算で答えが得られますが，次のように計算をすれば，「2乗の計算」は1回の乗算でできますから，全部で4回の乗算で，x^{10} の値が出ます：

$$((x^2)^2 \times x)^2$$

さらに，$y = x^{100}$ の値は，99回の乗算が，

$$y = ((x^2)^2 \times x)^2, \qquad z = ((y^2)^2 \times y)^2$$

のように計算すれば，わずか8回で済みます。これをうまく応用すれば，x^n の値は

　　n の十進桁数の，6.7倍

以下の乗算で求められます。

そんなことが，いったい何の役に立つのでしょうか？　実は最近はやりの暗号理論で，次のような計算が必要になるのです。

$$y = x^s \text{を，} N \text{ で割った余り}$$

ここで x はインターネット上の通信文で，「0と1の列」なので，適当に区切れば「巨大な自然数」と解釈できます。s と N は適切に決められた，十進法で200桁を超える巨大な自然数で，$x < N$ と仮定します。こうして得られる y $(0 < y < N)$ が，原文 x に代わる**暗号文**で，

　　「暗号文 y から原文 x を求める」

ことは，特別のヒント（「**鍵**」と呼ばれる秘密の情報）がないと，きわめてむずかしい——と考えられています。

では，x から y を求める「暗号化」の手間は，どれくらいでしょうか？　たとえば $s = 10^{100}$ の場合で考えると，暗号文 $y = x^s$ を普通の方法（$s-1$ 回の乗算）で求めるのは，毎秒 10^{20} 回の乗算を実行できる未来のスーパーコンピュータでも，

　　約 3.17×10^{80} 年

かかります。これは地球の寿命が（大きめの説でも）50 億年（5×10^9 年）ですから，もちろん実行不可能です。しかし，先ほどのアルゴリズムを使えば，670 回程度の乗算で求めることができます。

注意 「N で割った余り」を求めなければなりませんが，「X を N で割った余り」を仮に $[X]_N$ で表すと

$$[A \times B]_N = [[A]_N \times [B]_N]_N$$

が成り立つので，桁数をおさえられるし，670 回程度の乗算なら，私のパソコンでも計算できます！

2. アルゴリズムと算数教育

アルゴリズムは，小学校の算数でもいろいろ教えています。「アルゴリズム」などといわないだけで，

(1) たし算のアルゴリズム，
(2) ひき算のアルゴリズム，
(3) かけ算のアルゴリズム，
(4) わり算のアルゴリズム

などが教えられ，最高峰は

(5) 分数の加減乗除のアルゴリズム

でしょう。中学校・高校に進むと

(6) 1 次方程式を解くアルゴリズム，
(7) 2 次方程式を解くアルゴリズム，
(8) 関数を微分・積分するアルゴリズム

なども習います。

ただ，小学校では「こうすればよい」と教わるだけで，「なぜそうするのか」はなかなか教えてもらえません。

アルゴリズムの理由説明

では，子どもたちに「手の運動としてのアルゴリズム」だけでなく，その理由もちゃんと説明してあげるには，どうすればいいのでしょうか？　それはよく考えてみると，おもしろいのですが，かなりむずかしい部分もありそうです。

(1)　加減算は，十進位取り記数法がわかればよいので，タイルを使って教えるのが確実で，しかも効果があるでしょう（図2参照）。

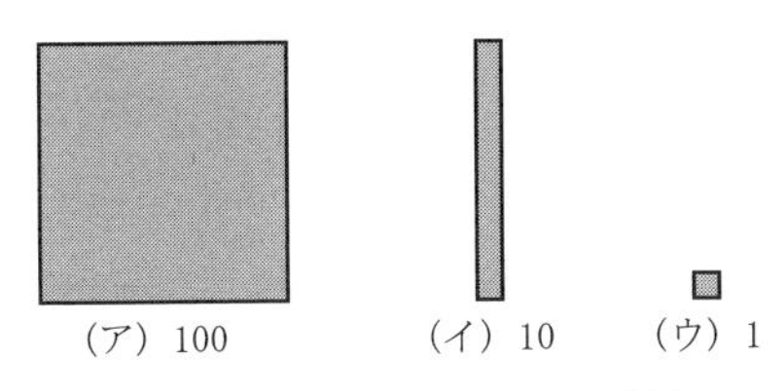

図2　タイルと十進位取り記数法

(2)　かけ算は「桁位置決め」がだいじなポイントです。たとえば

$$365 \times 24$$

というかけ算では，

$$365 \times 24 = 365 \times (20 + 4) = 365 \times 20 + 365 \times 4$$

と分解して（分配法則），そのあと

①　$365 \times 4 = (300 + 60 + 5) \times 4 = 300 \times 4 + 60 \times 4 + 5 \times 4,$

②　$365 \times 20 = (300 + 60 + 5) \times 20 = (300 \times 2 + 60 \times 2 + 5 \times 2) \times 10$

のように計算できますが，普通は①, ②それぞれを1行で書いてしまいます。たとえば①は：

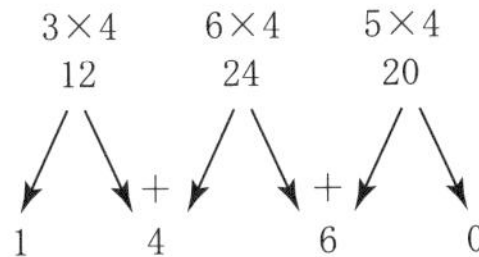

ここは普通は「補助数字」を使って書くのですが，加藤久和さん（千葉県の元小学校教師）は図3のように書くのだそうです。

● **出典**　藤條亜紀子「楽しくなくちゃ授業じゃない!!」『数学教室』2016年5月号，p.6（数値を一部変更，一部のタテ線をナナメ線に変えてみました）。

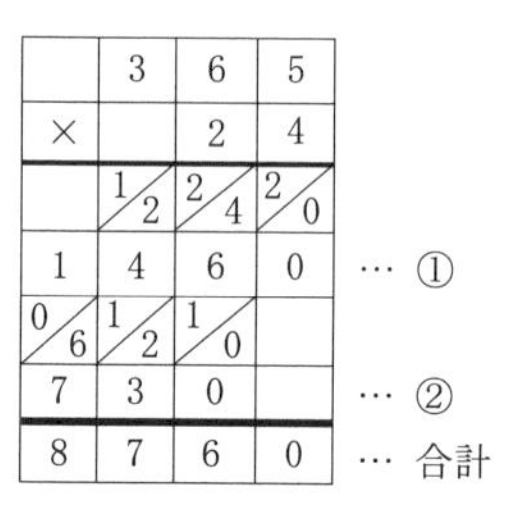

図３　かけ算の実際

なお,「かけ算は，なぜ右から（小さいほうから）計算するのか？」という疑問もあるようですが，それは実は「どちらからでも，よい」のです。

かけ算の答えを，どの桁位置に書くか

さえまちがえなければ，左からでも正しい答えが出ます（概算のためには，左からのほうが便利なこともあります)。しかし，まあ普通は，慣れている

「右からのほうが，まちがいが少なくてすむ」

とはいえるでしょう。

(3)　わり算は，①　立てる，②　掛ける，③　引く，という手順ですが，これも実に巧妙にできています。

たとえば「1 年（365 日）は何週間か？」という問題なら，次のようなわり算をするでしょう。

```
    52        … 答 (商)
7 ) 365
    35        … (ア)　5を立てて7を掛ける
    ---
     15       … 引くと残り15
     14       … (イ)　2を立てて7を掛ける
     ---
      1       … 引くと残り（余り）1
```

どうしてでしょうか？　そもそも,

$$365 \div 7 = \square \cdots \triangle$$

とは

$$365 = 7 \times \square + \triangle \quad (0 \leqq \triangle < 7)$$

をみたす **商** $\square = 52$, **余り** $\triangle = 1$ を求めることなのですが，それには

① □を立てて

② 7を掛け，

③ 365から引く　（△が求まる）

を計算すればよいのです。しかし，それを「いっぺんにやってのける」のは無理なので，

上の桁から，少しずつ実行する

のが，小学校で教わる（実用的な）わり算のアルゴリズムです ── $365 \div 7$ の場合，

（ア） 5(0)を立てて，7を掛けて，36(5)から引く：

$$36(5) - 7 \times 5(0) = 1(5)$$

（イ） 残り15を7で割る：2が立つから，7を掛けて，15から引く：

$$15 - 7 \times 2 = 1$$

こうして最終的な答えが得られます：

$$365 = 7 \times (\text{商})\ 52 + (\text{余り})\ 1$$

注意

① 今度は「左から」，つまり「大きいほうから」計算しないといけません。右からだと

$$\begin{array}{r} 9 \\ 7\,\overline{)\,365} \\ 63 \\ \hline 302 \end{array}$$

にもなりかねないので，そのあとが困ってしまうのです（修正がたいへん！）。

② 「立てる」ところのアルゴリズムも研究されていますが，ここでは立ち入りません。

3. ユークリッドのアルゴリズム

ところで，分数の約分や通分で，

2つの数の，共通の約数を見つけたい

ことがよくあります。

たとえば，

30の約数：1，2，3，5，6，10，15，30；
42の約数：1，2，3，6，7，14，21，42

ですから，共通の約数（公約数）は1, 2, 3, 6で，最大の公約数は6です。これくらいなら，次のように「両方を割れる数で割ってみる」ことによって，最大公約数を見つけられるでしょう。

$$\begin{array}{r|rr} 2 & 30 & 42 \\ \hline 3 & 15 & 21 \\ \hline & 5 & 7 \end{array}$$

5と7にはもう公約数はないので，30と42の公約数は2と3，だからそれらを掛けた2×3が最も大きな公約数（**最大公約数**）です。

教科書にも出てくる問題であれば，約分でも通分でも，このやりかたで困ることはないでしょう。しかし，もっと大きな数の問題を出されたときは，どうでしょうか。たとえば

$\dfrac{221}{247}$ を約分しなさい

という問題を解くのは，さきほどの方法では手こずるでしょう。しかし，「ユークリッドの互除法」という，昔から有名な（第4話でご紹介した）アルゴリズムを使うと，次のように簡単に，機械的にできてしまいます。

ユークリッドの互除法

mと$n(m > n > 0)$の最大公約数を求めるには，mをnで割って，余りdを求めるとよい。

(1)　$d = 0$なら，最大公約数はnである。

(2)　$d > 0$なら，mとnの最大公約数は，nとdの最大公約数に等しい——問題の数が，小さな数におきかえられる。

応用　$m = 247$と$n = 221$の最大公約数を求める。

①　$247 \div 221 = 1 \cdots$ 余り 26

②　$221 \div 26 = 8 \cdots$ 余り 13

③　$26 \div 13 = 2 \cdots$ 余り 0

だから

$$247\text{ と }221\text{ の最大公約数} = 221\text{ と }26\text{ の最大公約数}$$
$$= 26\text{ と }13\text{ の最大公約数} = 13$$

したがって，次のような約分ができます：

$$\frac{221}{247} = \frac{221 \div 13}{247 \div 13} = \frac{17}{19}$$

明らかに，これ以上の約分はもうできません！（もしできるなら，247 と 221 の最大公約数は，13 より大きいはずです）。

[補足]

ユークリッドは今から 2300 年ぐらいの昔の人で，当時は「$221 \div 26$ の余りは 13」のような計算はできなかったので，彼は「引けるだけ引いた，残り」（$221 - 26 - \cdots\cdots - 26 = 13$）といっています。それが「1 回のわり算でできる」のは，現代の算数の威力です！

[『数学教室』2016 年 9 月号]

第18話

点数は「お金」のようなもの

――大事だが「それがすべて」ではない！

1. 点数をつけるな!?

たしか1960年代の初頭に，新聞に掲載された意見の対立に驚いたことがあります（文中敬称略）。

遠山啓「点数などつけるな！」
A氏「点数をつけないと，評価ができない」

後の方のお名前は覚えていないのですが，たしかある小学校の校長先生であった，と思います。私はA氏の意見がもっともだと思い，遠山という人はずいぶん無茶なことをいうなあ，と思っていました。

しかし，それから10年，20年と経つうちに，点数がどんどん幅を利かせるようになりました。日本人の「まじめさ」は受験界でも発揮されるので，大学受験ばかりでなく有名高校・中学への進学や，果ては「有名小学校へのお受験」まで，「点数稼ぎ」のための受験勉強・受験指導が始まったのです。これは当時の豊かな日本に，広く深く浸透しました。

もちろん「点数」は，子どもの能力を表すひとつの尺度ではありますが，あとで検討するように，けっして能力のすべてを正確に表す尺度**ではありません**。子どもたちの「考える力」や「創造性」，最近よくいわれる「国際的競争力」などの大事なポイントが，ほとんど評価されていないのです。

それでも，いわゆる「偏差値」や「全国一斉学力調査」などにも煽られたためもあって，

点数を上げること

が教育の最大の課題とされる風潮が，あたりまえのように広まってきました。遠

山啓はそういう傾向を見通して，わざと極端なことをいって，警告を発していたのでしょう。先見の明のある人でしたね。

2. 点数をどうつけるか

点数をつけてはいけない場合もある

ある美術評論家は，

「小学校では美術の点数をつけない方がいい」

といっておられました。「子どもの絵のよいところを見抜く」にはそれなりの鑑識眼が必要なので，すべての先生にそれを要求するのは無理であろう，という趣旨であったと思います。

私はそれにまったく同感で，実は私の次男が，その被害を受けているのです――彼はフランスの幼稚園では「かたつむりのおじいさん」とか「空を飛ぶ妹」など，おもしろい絵を大きな画用紙一杯に描いて，先生にほめられていたのですが，日本の小学校では「よくできる生徒の，形のととのった写生」にしかいい点をつけない先生にあたってしまい，自信を失って絵がどんどん小さくなり，親バカの目で見ると「少しはあった才能が，破壊された」と思うほかなかったのです。

詩について

「詩」にも同じような問題があると思います。娘が小学校の上級生だったとき，国語の時間に「生徒に詩を書かせる」というのがはやっていて，娘が困っていました。娘の歎きを書き写したら，次のような文章ができました。

詩なんてむずかしい。
詩なんか書けない。
お父さん，子どものときに，
詩なんて書いたことある？

さて，これは詩でしょうか？

そのことを教える立場の先生方が，みな「よくわかっている」とは限らないでしょうが，それどころか娘の教科書の著者陣は，「まるでわかっていない」ように思えました。たとえば，「詩とは何か」の説明として，教科書には

強く感じたこと，感動したことを，短い言葉で書いたものだ

と書いてあるだけで，そのあとに「牛が水をがぶがぶ飲んでいる」光景を，ただ改行を増やして，1行を短くして記述しただけの文章を，「詩の例」として掲げていました。これで子どもに「詩とは何か」が伝わるわけがありません。

ですから，さきほどの「娘の歎き」をそのまま写して学校にもって行ったら，「教科書の詩の説明」に矛盾はしていないので，きっと「宿題をやった」ことにはなったでしょう。ただし，最後に

あらできちゃった，かんたんね

という1行を付け加えたら，詩らしき雰囲気はいっぺんに吹っ飛んで，「ふまじめだ」と叱られたでしょうが……。

そもそも「自分が強く感じたり，感動した」だけでは詩にはならないのです。

他人を感動させる

文でなければ，少なくとも「よい詩」とはいえません。「水をがぶがぶ」についてはある新聞で，丸谷才一氏が「こんなものは詩ではない」と断言しておられましたから，私の独りよがりではないでしょう。

なお，同氏は「子どもに詩を書かせる前に，よい詩をたくさん読ませないといけない」こと，しかし「和歌・俳句などはむずかしいので，最初は避けた方がよい」ということも書いておられた──と思います（丸谷才一「国語教科書批判」，『完本 日本語のために』（新潮文庫））。私も同感で，せめて瀬田貞二『幼い子の文学』（中公新書）とか茨木のり子『詩のこころを読む』（岩波ジュニア新書）などから適切な詩を選んで読ませてからでないと，子どもたちに「詩を書いてこい」などというのは，無茶な話です。

算数の場合

算数・数学では，「あっているかどうか」の基準は明確ですから，はっきりした点数をつけやすいでしょう。しかし，ある先生は，市販の問題プリントを使っていたのですが，次のような採点をしていて私を驚かせました。

たとえば，正解が $2+3=5$ になる問題については，

式 $(2+3)$ が正しいか，答え 5 が正しいか

を評価できるように枠が2つ用意されていました。でも，その先生は答えしか見ておらず，

答えがあっていれば　　　[○], [○]

答えがまちがっていたら　[×], [×]

という評価をつけておられました。

これは私には「手抜き」としか思えませんが，これを弁護する先生もいました。

> 大学の入試では，答えがちょっとでも違っていたら×(0点) をつけられるのだから，厳しい採点に早くから慣れさせたほうがよい。

しかし，大学で**そんな採点はしていない**ことは，私が東京大学で入試の採点をする側に回ったときに，よくわかりました。森毅さんのお話では

> 「京都大学でも，複数の採点者がよく話し合って，非常にきめ細かい採点をしている」

ということでした。

「満点か，0点か」という採点法はほかにも珍しくないらしく，ある小学校の先生から「約分の採点」について次のような話を聞きました。たとえば，

$\frac{12}{48}$ を約分しなさい。

という問題に対して，$\frac{6}{24}$ という答えを書いたら，他の先生に×(0点) をつけられたので，

> 「それがナットクできない」

という子どもが何人もいたそうです。確かに

> これ以上約分できないところまで，約分しなさい

というのが問題であれば，途中まででは「満点ではない」のは確かですが，「約分できなくなるまで，しっかり約分を続けなさい」というポイントを，うまく伝えているかどうかがまず問題ですし，1回でも約分ができているなら，部分点はあげてもいいように思います (図1)。せっかく約分をしたのに「まったく無視された」ら，それは不満が残るでしょうし，部分点をもらえたほうが「そうか，これではまだ不十分なのか」ということが，かえってナットクしやすいのではないでしょうか？

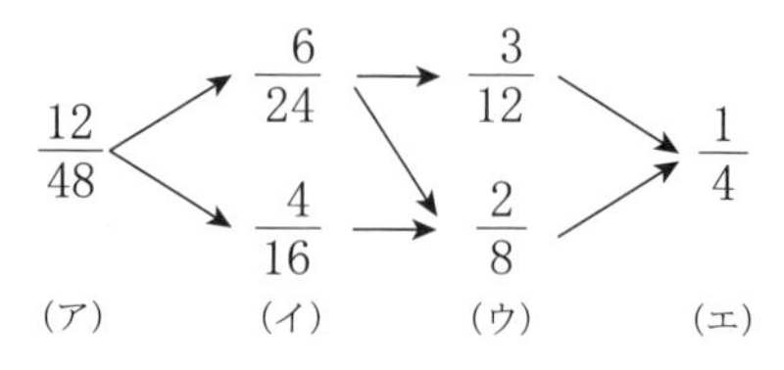

図１　約分の進行

私の感覚では，（ア）×，（イ）△，（ウ）△または○′，（エ）○または◎

小学校ではただの「マル」のほかに「花マル」もあって（高校・大学でも効果がありますが），これも上手に使うと「子どもを励ます」ことになるでしょう。私が感心したのは，夏休みの自由研究で，

$$1 \times 2 \times 3 \times \cdots\cdots \times 99 \times 100$$

を計算した５年生の女の子の話です。最初は

$$1 + 2 + 3 + \cdots\cdots + 99 + 100$$

を計算するつもりでしたが，それを知ったお父さんが怒って

「それじゃあ低学年の子と同じじゃないか。かけ算をやれ，かけ算を！」

というのでかけ算にしたところ，途中からどんどんたいへんになり，泣きたくなったのをよくがんばってやり通して，提出しました。答えは実はかなり間違っていたのですが，先生は「大きな花マル」をつけてくれたそうです。「答えよりも生徒の努力を評価してくれた」先生は，いい先生に違いありません！

3．点数の意味

点数とお金

点数は「子どもの能力についての，ある目安」ではあるのですが，身長・体重と同じで，

それにどれだけの意味があるか

には議論の余地があります。

似たような例に「お金」があります。お金が大事であることは，もちろんまちがいないのですが，

お金がすべてではない

ということも（昔は）よく注意されていたので，経済学者アダム・スミスは「国全体の，お金の流れ」だけでなく，「国民全体の，幸福」もしっかり考えていました。しかし

「お金をもうけて，どこが悪いんですか？」

と平気でいえる人が現れてから，「お金がすべてではない」という感覚がどんどん薄れてきたように思います。おまけに日本では，「社会貢献」とか「慈善事業」に「偽善」だとか「売名行為」というレッテルを貼って軽蔑する空気が昔からあって，今でも消えてはいないようですから，新自由主義経済学が支配的になればなるほど，弱い立場の人々にはますますつらい社会になってゆく心配があります。

一方，「点数」のほうは，「進学」などで確かに役に立つでしょうが，よい大学に入ったからといってそこが「上がり」ではなく，そこでしっかり「ほんとうの実力」を鍛えなければなりませんし，その段階で単なる「点数稼ぎの技術」は，「マイナスに働く」ように私は思っています。

ほんとうに大事なこと

最近，あちこちで「国際的競争力をもつ人材を育てなければダメだ」という意見を聞きます。そのために

英語（特に会話）の力を高めよう

という声もありますが，それが最重要のこととは，私には思えません。実際，「英語が話せる」こと自体はけっこうなことですが，「話すべき内容」がなければ，何の役にも立たないのです。

ほんとうに新しい問題に出会ったら，「教科書にあるような方法」で解決できることはほとんどなく，「これまでになかった，新しい発想」で，「新しい方法」をひねり出さないと，解決できないことが珍しくないでしょう。20 世紀にすでに，大学で学ぶ「最新の知識」は 5 年（あるいは 3 年）で古くなり，役に立たなくなる――といわれていたのです。それでも「大学で学んだ基礎理論は，役に立った」といわれていましたが，21 世紀になると，それも怪しくなってきたようです。

考えることの重要性

そういう時代に，「ほんとうに役に立つ」ことは何でしょうか。私は次の 3 つではないか，と思っています――「国際的競争力をもつ人」とは，これらのことができる人ではないでしょうか？

① 深く考えること，

② 自分の意見をもつこと，

③ 他人と「結論」をぶつけ合うのではなく，双方の「意見・理由・根拠となった判断」を出しあって，お互いの意見の長所・短所を認識し，よりよい結論を導くこと。

4. 日本の教育の問題点

考えることを嫌う生徒たち

しかし，残念なことに，

「知識注入と点数重視の，受け身の教育」

が永年行われてきた結果，日本の生徒たちはすっかりそれに慣れてしまったようです。ですから，インターネットを通して，ある大学の付属高校生を対象に

深く考えさせる

授業を試みた数学者の新井紀子さんは，授業の後のアンケート調査の結果にびっくりさせられました。

「先生の投稿は非常に参考になった」
「おもしろい」
「深く考えられる」

でも，こういう授業は

「受けたくない」
「どちらかといえば受けたくない」

という回答が半数以上，だったそうです！

こういう一見矛盾した答えが出てくるのは，生徒たちが知識注入型の「考えることより暗記を重んじる教育」に，どっぷり浸かってしまっているため，としか私には考えられません。だから，いくら「おもしろそうだ」と思っても，慣れていないため，すぐに疲れてしまうのでしょう。しかし，それでは

国際的競争力をもつ人材を育てる

ことなど絶望的だな，と私は思いました。

「自分の考え」がある人，ない人

「自分の考え」がないとどうなるかは，私が小学生の頃を思い出すと，よくわかります。みな「まわりの人の考え」や「世間の考え」，「政府の考え」を気にしていて，

> 男の子の最高の栄誉は，国のために死ぬこと（捕虜になるくらいなら，自決せよ）

と教える軍や政府だけでなく，「何となくそう思っていた」大人が大勢いたのです。戦後にも「世間的な考え」に流される傾向は（一部に）残ったようで，私は次の話（の後半）にびっくりしました。

裸一貫から地道に努力を重ねてきた加藤喜代治さんが「不幸な老人を少しでも幸福にするために」と名古屋市の老人福祉基金に，血と汗で築いた全財産6億円を寄付しました。「必要以上の遺産は，子どものためにならん」という考えに，娘さんたちやお孫さんも賛成してくれた……という珍しい美談です。ところがその話が広まると，加藤さんのところに「親の金で格好つけるな」とか「一千万円よこせ」というようないやがらせの手紙や電話が殺到したそうです。「自分の考え」のない人は，「世間並みの考え」でしか判断ができないのでしょうね。

歌手・俳優の杉良太郎さんは，阪神淡路大震災や東日本大震災のための支援活動のほか，「刑務所への慰問活動」も永年やっておられて，法務省から特別に表彰されました。その杉さんに，ある記者が次のように聞いたそうです。

> 「売名行為ではないのですか？」

それに対する杉さんの答えに，私は感心しました。

> 「ええ，売名行為です」

もう「売名」の必要がない人ですから，もちろんこれは「売名，という奴にはいわせておこう。そういわれたからと，この活動をやめる必要はない」という意味でしょう。これは「自分の考え」が，よほどしっかりしている人でないと，いえない言葉です！

［『数学教室』**2015**年**6**月号］

第19話

算数・数学は役に立たない？

1. 世間の常識

わが家の子どもたちが小学生だった頃，その小学校の PTA で

「学校の勉強なんか，役に立たない」

と言い出したおじさんがいました。ほかのおじさんたちも「そうだ，そうだ」と賛成していましたから，どうやらそれが「世間の一般常識」のようです。特にやり玉にあがるのが数学で，2002 年に始まった学習指導要領を議論していた頃には

「2 次方程式の解の公式もろくに覚えなかったけれど，この年まで生きてくるのにまったく困らなかった」

と仰せになったおばさんもいました。PTA のお仲間ではなく，当時の教育課程審議会会長の奥方でありましたから，その時期の中学校の教科書から 2 次方程式の「解の公式」が完全に姿を消してしまいました。

平安朝時代は，まるで違っていました。その頃は数学（算の道）の達人は超能力者で，

計算道具（算木（さんぎ））を並べて，病を治すことも，人を呪い殺すこともできる

と信じられていました（羨ましい！）。平安時代末期（12 世紀）の昔話集『今昔物語集』の中には，「算の道」の威力をとてもリアルに描いているものがあります（第 24 巻，第 22 話）。

ある有能な若者が，中国（宋）から来た算の名手に目を掛けられました。そして「日本は算の道ではあまり賢くないので，中国に渡って修行しないか」と誘われましたが，けっきょく行かなかったために呪いを掛けられ，ぼんやり者になっ

てしまいました。

ある夜，貴族の奥仕えの女性（女房）たちがその人（ぼんやり者）に「何かおもしろい話をしてくれないか」と頼むと，「おもしろい話はできないが，笑わせることはできる」と答えました。そして「へえ，どうやって」とからかわれるのを，算木を持ってきてさらさら並べると，女性たちが全員笑い始め，

「止めようとしても止められず，苦しくてものもいえない」

状態になってしまい，手を合わせて拝んでやっと算木を崩してもらい，笑いがおさまりました。

そのあと女性たちは「このようなことがあるのだから，人を生かすも殺すも自由自在，というのはほんとうのことだろう。算の道は極めて恐ろしいものだ」と語りあった，とのことです。

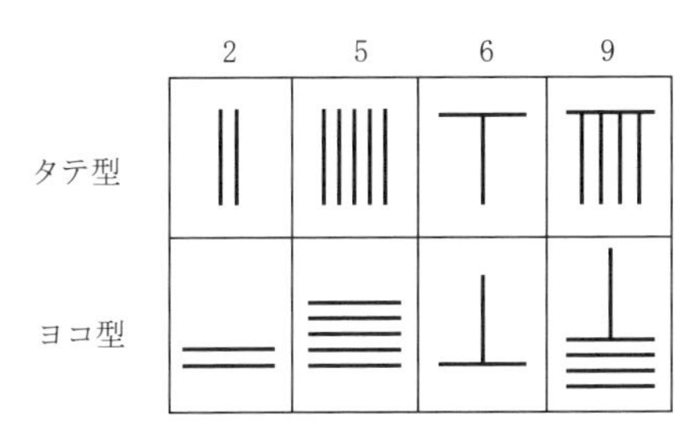

図2　算木で数を表す

台（算盤（さんばん））に描かれた枠の中に，3～14 cm ぐらいの細棒（算木）を並べる。タテ型とヨコ型を交互に用い，0 は空欄で表した。

時代が下ると，数学に対するそのような畏敬の念はなくなります。小説『天地明察』（冲方丁，角川文庫）にも登場する天才・関孝和 (1642？–1708) が活躍し，先輩・中国のレベルを超え，部分的には当時のヨーロッパの数学をも凌駕していた日本の数学（**和算**）は，同時代の他分野の学者から次のように批判されていました（荻生徂徠 (1666–1728) らしいのですが，確認はできませんでした）。

「(和算は）種々の技巧を設けて，その精緻を誇る。その実，世に用なし」

これがおそらく，当時の（和算の専門家とファンを除く，多くの人々の）常識だったのでしょう。

2. 常識は多種多様

どこにも常識豊かな人がいて,「ここはこうするもの」と教えてくれますが,その内容は時代により,また場所にもより,ずいぶん違うものです。

私が感心したのは,山梨大学工学部に勤務して甲府市に住んでいたときのことです。大学関係者の葬儀に,いくらかお香典を包んで持参したら,受付でその包みを本人の前で開いて,金額を確認するのです。東京近辺の常識ではとんでもない,失礼なことでしょうが,私の父が亡くなったときの葬儀では,お香典の外側に書いてある金額と,中のお金とが合わないことが何回かありました。たとえば「二万円」と記された封筒が空っぽだったりするのです。そのため香典返しをどうするかで,兄が困ったものでした。だから「その場で確認する」方式はとても合理的で,理にかなった常識だ,と私は思いました。

しかし,そのとき同じことを目撃して,東京から来て日の浅い上司の先生が,東京の常識をあてはめて「その場で開けるなんて,非常識だ」と注意したのです。地元育ちの担当者が「でもここでは,いつもこんなふうにするのです」と説明したところ,また別種の「常識」が発揮されました。

「私(上司)の指示に,従わないのか!」

工学部の中には,軍隊のように「上司の命令は絶対」という常識が通用している研究室もあるのです。全部ではありませんし,程度もさまざまですが,数学教室ではまずないことです。

このように「常識」は種々雑多なので,矛盾する場合もあります。そういうときは,

研究室の常識は,研究以外のことで振り回してはいけない

とか,

郷に入らば,郷に従え

という古くからの常識など,いわば「上位の常識」を尊重すべきでしょう。

3. 「役に立たない」ということ

常識にもいろいろある，とわかったので，算数・数学が「役に立たない」というのがいったいどういう意味なのか，少し詳しく観察してみましょう。

1, 2, 3, ……（あるいは十，百，千，……）といった数の概念と記法を含む，小学校で学ぶ基礎的な算数（と国語）は，日常的にもまちがいなく役に立っています。

「分数」や「割合」，さらには「2次方程式の解の公式」，「三角関数」，「指数関数」，「微分」，「積分」になると，私たちが日常生活で直接使う機会はめったにないでしょう。その上，知っていれば上手に使ってトクをすることでも，知らなければ使わない（使えない）だけで，それでソンをしたことにも気がつきませんから，「私は知らなくても，ちゃんと生きてきた」という人がいて不思議はありません。

[補足]

数学の学習が「年収にプラスに働く」というデータがあります（表I）。

表I 出身学部別平均年収（単位：万円）

年齢	25	30	35	40	45	50	55	60	全体
文系	306.2	428.6	529.8	610.0	669.2	707.3	724.4	720.4	583.4
理系	366.4	494.2	604.3	696.7	771.3	828.1	867.2	888.6	681.5

出典：京大HP >研究成果> 2010年8月

しかし，科学技術が急速に発達した20世紀のあとを受けて，現代日本では誰でも算数・数学の大きな恩恵を受けています——電車・自動車・飛行機に携帯電話，カーナビ，病院に行けば胃カメラやCT，MRI，PETなどの諸検査，そのどれにも日進月歩の最新技術が使われていますが，それらの基礎には必ず，高度な数学が使われているのです。

だから，「役に立つ」どころか，数学は社会にとって必要なのです！

さきほど引用した荻生徂徠によるらしい和算批判「世に用なし」について，私より2世代上の大数学者・高木貞治(1875–1960)が，とても説得力のある反論をしておられます（「数学の実用性」，『数学と人生』学生社所収）。

これは「予(よ)(＝自分，わたし）に用なし」のことであろう。それを世に用なしと思うのだ。予に用なしといっても，自分ではどんな恩恵を蒙っているか知らない。間接に恩恵を蒙っているのだが，それを自分が認識しないで，予に用なしと思っているのだ。だから実際には，予に用なしでもないのだ。

このように「社会にとって，間接的には各個人にとっても，数学が役に立っている」のは明らかで，誰かが勉強しなければ，その国は工業力が衰え，農業生産力も低下し，国民は豊かな生活が送れなくなるでしょう。だから，すべてのいわゆる先進国で，国民にある程度の数学の学習を義務づけているのです。

しかし，そうはいっても，全員が「数学の有用性を実感する」ことは望めないでしょう。有用性を実感するには，数学を相当先まで勉強しなくてはいけないからで，そのことは東野圭吾さんが実に明快に指摘しておられます（東野圭吾『あの頃ぼくらはアホでした』集英社文庫，p.242)。

よく数学嫌いの人間が，「微分や積分や三角関数が何の役に立つんだ」と開き直っているのを耳にするが，理系の世界に生きている人たちにしてみれば笑止千万だろう。「微分？　積分？　三角関数？　そんなお遊びみたいな簡単な数学は何の役にも立たない。役に立つのは，そこからさらに先にある本当の数学なのだ」と。

4. 小・中・高での算数・数学教育

役に立つのが「高度な，ほんとうの数学」だとすると，高校までに学ぶ分数・割合・微分・積分・三角関数などは，さらに高いレベルに到達するための準備として学んでいるわけで，そこまで到達する必要がない生徒さんたちにとっては，何ともよけいな重荷を負わされているわけです！

ここで文部科学省は岐路に立たされます。

（ア） **エリート路線**：エリートさえ育てればいいので，一般大衆にはむずかしいことを教えなくてよい。

（イ） **底上げ路線**：全員の「最低線」を高めることをめざす。そのため全員に，基礎概念の「さわり」のところを教える（ある程度は，本人の希望に任せる)。

一時は「エリート教育（**大衆無視**）路線」が優勢で，「教育内容と教育時間の大幅削減」が進められましたが，エリートが伸びるよりも全体のレベルが下がるほうが目立ち，算数・数学の国際比較で日本の得点順位が下がってきました。そのため反動が来て，教育内容も時間も 2011 年改訂の学習指導要領から大幅増になり，現場をあわてさせたのでした。

底上げ路線は，一時は「金太郎飴方式」などとバカにされ，「それではエリートは育たない」と批判されたのですが，そんなことはありません。**ほんとうのエリートを早い段階から選び出し，エリートだけを育てる技術は，まだ開発されていない**のです。「大学を卒業してから頭角を現す」アインシュタインのような大天才もいるのですから，ほんとうのエリートを育てるためには「底上げ路線」のほうが有効でしょう。現にノーベル賞を受賞した田中耕一さん，益川敏英さん，山中伸弥さんなどはみな戦後の「底上げ路線」で育った人たちです。

もうひとつだいじなことは，「試験の点数は，生徒の能力のごく一部しか反映していない」ことです。だから「現状判断のための学力調査」は必要だと思いますが，それで競争をさせるのは愚かなことです。もっといえば，「全国学力調査」はいくつか選ばれた学校でのサンプル調査をすればよいので，それで「現状」とか「傾向」はわかります。

全部の学校で実施すれば，「比較に使うな」と指摘したところで「比較に使える」のは事実ですから，当然比較に使われ，どの学校でも「点取り教育」に走るよう圧力がかかります。そしてそれこそが，「わかる」ことよりも「暗記」で点を稼ぐことを優先させ，ほんとうの学力をむしばみ，ほんとうのエリートを潰してしまう恐ろしいことである，と私は確信しています。

5. 教えるのは何のため？——生きるために必要だから，ではない！

まずはっきりさせておきたいのは，「知らなくても生きてゆけることは，教えなくていい」などというのは**大きなまちがいだ**，ということです。そんなことをいったら，「解の公式」に限らず，小説・短歌・合唱・写生・英文解釈のどれだって，「知らなくても生きてゆける」でしょう。だからといって「英語など教えなくていい」とか「小説や詩など，国語の教科書にのせるな」というのは，もちろん暴論です。学校で学ぶことには，小学校低学年の国語・算数など「生きてゆくのに必要な知識・技能」だけでなく，

「よりよく生きるため」

に役立つ知識・技能・経験も含まれるのです。

たとえば英語の場合,「英語の本が読める」ようになれば，世界が広がります。国語でも，詩や小説に「感動する」ことを全生徒に求めることは無理でも，感動の機会を与えられることによって

「新しく眼を開かれる」

生徒もいるに違いありません。そういう生徒が少しでもいれば，詩や小説を教科書で取り上げることには意味があるのです。たとえ詩人にならなくても，詩を「読んで楽しむ」ことができれば人生がどれだけ豊かになるか，計り知れないところがあります。ほかの科目でも，同様です。そこに大学の専門教育とは違う，**初等・中等教育の重要性**があります。

もちろん学習・成長は，学校を卒業してからも続けられるので，それを考慮して，高校までは次のことを目標にすべきだ，と私は思います。

(1)　少しでも多くの子が，分数の計算や2次方程式を含む数学（詩や小説を含む国語，英文解釈を含む英語など）が好きになる。

(2)　最悪の場合でも,「数学（国語，英語，……）がキライ」にはならない。

これをめざして先生方が，事務書類ではなく教材研究と授業研究に，十分な時間をかけられるようになるといいなあ，と私は心から願っています。

[『数学教室』**2013**年**4**月号]

あとがき

本書は，雑誌『数学教室』（数学教育協議会＝編集）の 2013 年 4 月号から 2017 年 10 月号にかけて，「算数・数学の常識・非常識」と題して書いた 48 回分のエッセイから 20 話を選んで再構成したものです。収録にあたり，タイトルの変更や文章の修正・加筆なども行いました。

連載の最初の段階から図版作成や校正などで助けてくださった何森仁さん，本にまとめる作業でお世話になった亀井哲治郎さんに，厚くお礼を申しあげます。

2021 年 7 月 19 日

野﨑昭弘

野﨑昭弘（のざき・あきひろ）

略歴

1936 年　神奈川県横浜市に生まれる。

1959 年　東京大学理学部数学科を卒業。

1961 年　東京大学大学院数物系研究科修士課程を修了。

電電公社（現 NTT）に勤務後，東京大学，山梨大学，国際基督教大学，大妻女子大学，サイバー大学にて教鞭を執る。大妻女子大学名誉教授。

専門はコンピュータ科学の基礎理論，情報数学。理学博士。

数学教育協議会で活動し，1998 年から 2008 年まで委員長を務める。

主な著書・訳書

『π の話』岩波現代文庫。

『詭弁論理学』『逆接論理学』中公新書，『まるさんかく論理学』中公文庫。

『不完全性定理』『数学的センス』ちくま学芸文庫。

『算数・数学 24 の真珠』日本評論社。

D. ホフスタッター『ゲーデル，エッシャー，バッハ』共訳，白揚社。

算数・数学の基本常識 —— 大切なのは数学的センス

2021 年 9 月 10 日　第 1 版第 1 刷発行

著　者……………野﨑昭弘 ©

発行所……………株式会社 日本評論社
〒170–8474 東京都豊島区南大塚 3–12–4
TEL：03–3987–8621［営業部］　https://www.nippyo.co.jp/

企画・制作……………亀書房［代表：亀井哲治郎］
〒 264–0032 千葉市若葉区みつわ台 5–3–13–2
TEL & FAX：043–255–5676　E-mail: kame-shobo@nifty.com

印刷所……………三美印刷株式会社

製本所……………井上製本所

装　訂……………銀山宏子（スタジオ・シープ）

組版・図版……………亀書房編集室

ISBN 978–4–535–79829–8　Printed in Japan